晋北露天煤矿
人工植被生态学研究

郭春燕　著

中国轻工业出版社

图书在版编目（CIP）数据

晋北露天煤矿人工植被生态学研究/郭春燕著．—北京：中国轻工业出版社，2022.10
ISBN 978-7-5184-3775-7

Ⅰ.①晋… Ⅱ.①郭… Ⅲ.①煤矿—露天矿—复土造田—人工林—森林生态系统—研究—山西 Ⅳ.①TD88②S718.55

中国版本图书馆 CIP 数据核字（2021）第 251538 号

责任编辑：王 韧 李 蕊　　责任终审：劳国强　　整体设计：锋尚设计
策划编辑：江 娟　　责任校对：吴大朋　　责任监印：张 可

出版发行：中国轻工业出版社（北京东长安街 6 号，邮编：100740）
印　　刷：北京君升印刷有限公司
经　　销：各地新华书店
版　　次：2022 年 10 月第 1 版第 1 次印刷
开　　本：720×1000　1/16　印张：12
字　　数：250 千字
书　　号：ISBN 978-7-5184-3775-7　定价：80.00 元
邮购电话：010-65241695
发行电话：010-85119835　传真：85113293
网　　址：http：//www.chlip.com.cn
Email：club@chlip.com.cn
如发现图书残缺请与我社邮购联系调换
211534K7X101ZBW

前　言

山西是内陆省份，位于黄河中游东岸，华北平原西面的黄土高原上。省境四周山环水绕，与邻省（区）的自然境界分明。东依太行山，西、南依吕梁山、黄河，北依古长城，与河北、河南、陕西、内蒙古等省、自治区为邻。山西省煤炭资源极其丰富，拥有晋北、晋中、晋东三大煤炭基地，其中晋北煤炭基地主要以生产动力煤为主。中煤平朔集团有限公司是晋北亿吨级煤炭企业，其下属安太堡露天煤矿是中国最大的露天煤矿。自1985年安太堡露天煤矿规划建设伊始，就将土地复垦与生态修复纳入整个矿区开采方案，通过高等院校、科研单位的规划设计和跟踪评估，外加资金及施工队伍保证，走出了“采、运、排、复”一体化的路子，彻底改善了矿区的生态环境。目前矿区已复垦2000余公顷土地，形成了较为稳定的人工森林群落与草本植物群落。安太堡露天煤矿土地复垦与生态修复工程是中国矿山生态环境治理的样板工程，是开展人工植被生长、发育与演替研究的优良野外长期监测基地。

安太堡露天煤矿复垦区人工植被经过30余年的生长发育，其生态特征早已与种植初期的模式大相径庭。虽然陆续有学者对安太堡露天煤矿复垦区人工植被数量生态特征进行研究，但由于研究比较零散，缺乏系统性，不能全面反映人工植被的现状及动态变化。因此，安太堡露天煤矿复垦区人工生态系统物种多样性如何，植物群落结构与功能以及发展趋势如何，人工植被对土壤熟化的影响如何，不同类型人工林生态系统健康状况如何等，这些仍是亟待回答的重要科学问题。本书以大量的野外调查与监测数据为依据，采用TWINSPAN、DCA、RDA、PCA等数量生态学分析方法，对安太堡露天煤矿复垦区植物物种进行了全面清查与研究，分析了主要人工林群落乔木胸径与高度结构、草本植物多样性、乔木层碳密度及其土壤呼吸等生态动态特征，对不同类型、不同林龄及矿区外人工林进行了健康评价，以期为矿区的生态修复研究与科学管理提供数据与理论依据。

本书是笔者十五年来持续对安太堡露天煤矿复垦区人工植被开展的研究工作的总结，该项研究工作先后得到了国家“十二五”科技支撑计划“资源转型城市矿区生态修复关键技术与示范（项目编号：2012BAC10B04）”、国家自然科学基金“晋北典型露天矿区生态系统服务的时空演变及驱动机制（项目编号：U1810107）”、山西省重大科技专项“山西大型生态脆弱矿区土地复垦与生态重建技术研究与示范

（项目编号：20121101007）”以及山西省自然科学基金“晋西北大型露天矿区生态系统重建与土壤呼吸的关系（项目编号：2010021027-3）”与“脆弱生态矿区人工林监测及健康评价研究（项目编号：201701D121123）”等国家和省部级项目的资助，在此表示衷心的感谢！

本书能够顺利出版，离不开工作单位、科研团队、老师、同事的大力支持与帮助。首先要感谢原工作单位山西省生物研究所“矿区土地复垦与生态重建山西省科技创新重点团队”带头人李晋川、岳建英研究员对笔者实验方案的指导，团队成员王翔、卢宁、刘新志等对笔者野外调查与土壤指标检测工作的大力协助。感谢项目合作单位中国地质大学白中科教授、曹银贵教授的项目引导，中煤平朔集团有限公司环保部贺振伟、尹建平主任对安太堡露天煤矿复垦区植被调查工作的支持与帮助，山西省农科院植保所曹天文研究员合作调查人工林病虫害。感谢笔者的导师张峰教授对书稿内容的指导与修订，感谢山西财经大学秦浩副教授对数据处理的指导与帮助，最后要特别感谢笔者的工作单位晋中学院为本研究提供科研平台与经费。本书的出版得到了晋中学院山西特色植物资源应用研究中心与博士科研启动经费的支持。

安太堡露天煤矿复垦区植物群落处于不断变化之中，本书仅对其一定阶段的生长状态进行了跟踪研究，研究成果还不够深入。笔者虽对整体的书稿内容进行了缜密的构思，但仍有疏忽的地方，还望读者不吝赐教。

郭春燕
2021 年 12 月于晋中学院

目　录

附　录

第一章

绪 论

一、研究背景及意义

矿区土地复垦与生态修复是采取科学的治理措施对因采矿造成生态破坏或环境污染的区域进行修复，使其恢复到与周围的自然环境景观相协调、接近原生生态环境、具有有益用途状态的过程。从20世纪50年代末期开始，我国矿区土地复垦与生态修复工作起步，至今已走过了近70年的历程，根据其发展特点大致可分为四个阶段。第一阶段是20世纪50年代，由于受到当时社会经济发展和技术水平等多方面的限制，主要以矿山土地的可耕种恢复为目标开展的实际工作和相关研究，规模非常小，整体发展较为缓慢。第二阶段是20世纪70年代，我国颁布了土地复垦规定，从此矿区土地复垦与生态修复工作步入有组织的修复治理和快速发展的阶段，此阶段主要以土地资源利用的持续稳定为主要目标。第三阶段是20世纪90年代以后，随着矿区土地修复与生态恢复理论研究的深入以及认识观念的转变，通过引入生态学理论来促进矿山废弃地基质改良。第四阶段是21世纪以来，此阶段生态修复理念发生了巨大变化，主要以矿区生态系统健康与环境安全为恢复目标（王海荣，2016）。

山西省是我国煤炭产量大省，素有“煤海”之称。70多年来，山西累计产煤200余亿t，外调近160亿t，供应全国28个省份，总产量和外输量分别约占全国的25%和80%。2021年，山西煤炭产量高位运行，全年煤炭产量达到11.9亿t，占全国原煤总产量的29.31%。在煤炭资源的大量供给为社会经济发展提供动力的同时，煤炭的开采也对山西土地资源、水资源、大气资源、生物资源等造成了严重的破坏，并影响民众的正常生产和生活。20世纪90年代以来，煤炭开采所带来的生态环境问题与我国创建可持续生态环境的矛盾已经变得尤为突出，各大煤矿必须采取必要的措施和方法来进行矿区生态环境修复。由此可见，针对矿区废弃地及生态破坏区域进行土地复垦与生态修复，对于矿区生态环境的恢复及促进其经济的可持续发展有着十分重要的意义。

安太堡露天煤矿位于山西省朔州市平鲁区东南5km，是中煤平朔集团有限公司，也是我国最大的一处露天煤矿，占地376km²，煤炭储量约达126亿t。安太堡露天煤矿被称为“改革开放的试验田”，是由我国改革开放引进的第一笔外资建成的。1984年，我国与美国西方石油公司签订合作协议，由其投资建设安太堡露天煤矿。经过两年艰苦建设，1987年，年设计产能1533万t的平朔安太堡露天煤矿建成投产。煤炭大规模的露天开采，使得矿区土层裸露，土地被压占，植被尽毁，因此，安太堡露天煤矿在采煤伊始就采用“采、运、排、复”一体化作业法，将剥离出来的土层及岩石层堆积成排土场。1990年由山西省生物研究所牵头，组织山西农业大学、山西省农科院畜牧所、山西省环境保护研究所与安太堡露天煤矿共同成立了矿区土地复垦与生态修复产学研科研团队，并在安太堡露天煤矿复垦区开始了相关研究。1991—2000年，研究团队主要针对安太堡露天煤矿排土场复垦工程及生态环境整治进行了研究与示范，提出“地貌重塑、土壤重构和植被重建”技术集成和治理模式。2001—2010年开始重点关注生态恢复后人工植被的生长状况，研究的理念也由最初的工程技术问题，转向生态修复的科学问题。面对生态修复过程中出现的一系列问题，开展了植物适应性、种植模式及植物物种多样性等生理生态研究，并对已有的土地复垦与生态修复技术进行验证与评价，为后续矿区生态修复实践提供了科学依据。2011年开始探讨人工生态系统的问题，重点关注人工生态系统的结构与功能、稳定性、健康程度以及演替趋势等，以期对矿区人工生态系统的影响因素和响应、反馈机制有初步的了解，为我国大型露天矿区生态修复治理提供科学依据和技术支撑。

二、研究内容

安太堡露天煤矿十分重视土地复垦与生态修复，经过30余年的不懈努力，复垦区生态修复成效显著，目前矿区已复垦2000余hm²土地，形成了不同类型的人工森林群落与草本植物群落。生态修复是一个漫长的过程，是植物、动物、微生物相互促进、协同发展的过程，不仅包括物种多样性的修复，还包括生态系统结构与功能的修复。复垦区人工生态系统经过不断发展变化，其植物物种多样性如何，植物群落结构与功能以及发展趋势如何，人工植被对土壤熟化的影响如何，不同类型人工林生态系统健康状况如何等，这些仍是亟待回答的重要科学问题。为了探明这些问题，本书采用植被数量生态学方法对安太堡露天煤矿复垦区人工生态系统进行了研究，主要研究内容包括以下部分。

（1）复垦区植被数量分析　通过对复垦区植物群落连续清查，分析了复垦区植物群落区系地理成分；采用双向指示种分析（TWINSPAN）与去趋势对应分析（DCA）对复垦区植物群落进行分类与排序，探讨植被分布与环境因子的相关关系，揭示复垦区植物群落分布特征。

（2）人工林植物群落特征　以复垦区主要人工林为观测样地，对乔木生长状况及林下草本物种多样性进行年际连续监测，同时对土壤理化指标进行分析，探讨乔木径级结构与草本植物物种多样性动态规律及环境因素对人工林群落结构的影响。

（3）人工林乔木层碳密度动态特征　以复垦区主要人工林乔木为研究对象，通过野外调查不同林分乔木胸径、高度等结构指标，分析乔木生物量及碳密度动态特征，并探讨碳密度与环境因子的相关性，寻找人工林乔木层碳密度的最主要影响因子。

（4）人工林土壤呼吸动态特征　以复垦区人工林样地为研究对象，通过对各样地土壤呼吸及其组分的日变化与季节动态进行跟踪测定，拟合土壤温度、水分与土壤呼吸的回归模型，同时通过主成分分析筛选影响土壤呼吸最主要的土壤因子，从而讨论各样地土壤呼吸变化的差异及其原因。

（5）人工林生态系统健康评价　选择复垦区不同种植模式、不同林龄的人工林，并以矿区外现有人工林为对照，通过构建人工林生态系统植被、土壤以及病虫害等方面的评价指标体系，评价不同人工林生态系统特征及其健康状况，探讨影响人工林健康评价的主要因素，回顾性评价复垦区生态修复模式的优劣，并根据人工林生态系统健康状况，提出人工林科学管理对策。

三、研究现状

植物群落是植物与所在环境长期相互作用形成的集合。植物群落不仅具有一定的物种组成，而且具有一定的空间和时间结构。一般而言，环境条件越优越，植物群落的物种越丰富，结构也越复杂；反之，在恶劣的环境条件下，能生存的物种较少，群落结构也相对简单。受地理环境的影响，植物群落表现出不同的特征（李博，2006），如区系组成、物种多样性、结构、外貌和动态等。植物群落具有防风固沙、涵养水源、促进物质与能量循环的功能，但同时自然地理条件的差异也是导致植物群落形成与分布的主要因素。因此，任何植物群落的存在都是其对所在地区自然环境长期适应的结果（赵红洋，2011）。植物群落是一个动态的系统，始终处于不断发育与演替中，最终达到顶级群落阶段，成为稳定的生态系统重要组分。植物群落特征的研究是了解植物区系组成和结构的有效方法和主要途径（范玮熠，2014）。

（一）群落物种组成

物种组成是植物群落的基本特征之一，它是形成植物群落结构的基础。群落的物种组成不仅能够反映出群落的生存状态、生态环境等特征，还能反映群落发育过程（江波，2005）。植物群落的物种组成一直是学者们关注的重点之一，包括植物科、属、种的组成，物种区系分析，生活型等的研究（岳永杰，2008；蒋有绪等，1998）。物种组成在不同的植物群落中差异很大，即使是结构相似的植物群落，其物种组成也可能因形成历史不同而出现很大的差异。一般而言，森林群落（陈金磊等，2019；刘丽艳，2019）植物物种丰富，灌丛群落（李珍存和张峰，2015；张和钰等，2016）次之，草丛群落（徐鹏彬等，2012）最少；湿地植物群落（王璐，2014）物种较干旱荒漠群落（赵鸣飞等，2014；许金凤等，2016）丰富。植物区系研究包括植物分类学与植物地理学两方面的研究，首先是对某一区域内所有植物科、属、种的统计和分析，其次必须结合该区域的地理、气候等资料，将区域地质发展历史与植物区系的演化结合起来进行研究。植物区系分析不仅可以反映出特定区域内物种组成的一致性，而且可以反映出不同区域间物种组成的差异性。植物群落物种组成研究已由前期对群落物种组成的简单描述转向环境因子（汝海丽等，2016；刘旻霞和王刚，2013；苏洁琼等，2012）、人为干扰（贾希洋等，2019；何志华等，2017；王晨晨等，2014）等对植物群落物种组成的影响研究，群落物种研究进入新的阶段。

（二）群落物种多样性

物种多样性是植物群落的重要特征，用于表征群落内物种的丰富度与分布的均匀性以及群落结构的复杂性（江波，2005）。群落物种多样性可通过物种多样性指数来表征（马克平，1994；Magurrran，1998），物种多样性指数可分为以下 3 类。

（1）α 多样性指数　主要关注局域均匀生境下的物种数量，用于群落内的物种多样性计算，也称为生境内的多样性。

（2）β 多样性指数　表征较大尺度上沿环境梯度不同群落物种组成的差异，用于计算生境间的多样性。

（3）γ 多样性指数　表征区域或大陆尺度物种数量，用于其总的物种多样性的计算，称为区域多样性。

从文献资料来看，物种多样性研究常选用 α 多样性指数、β 多样性指数，其中应用最为频繁的是 α 多样性指数。

根据性质的不同，物种多样性指数可分为：丰富度指数、多样性指数、均匀度指数和优势度指数（汪殿蓓等，2001）。物种丰富度指数度量简单，对于小尺度群落物种多样性的研究，物种丰富度是很重要的测度（Hartnett and Wilson，1999）。常用的丰富度指数有 Patrick 指数（张金屯，2011）、Margalef 指数、Menhinick 指数（黄润霞等，2020）和 Gleason 指数（温远光等，1998）等。针对不同的植物群落，丰富度指数的选用也不同，其中 Margalef 指数和 Gleason 指数常用于暖温带森林群落多样性的研究。物种多样性指数是度量物种丰富度与种的多度的函数，其中 Shannon－Wiener 指数常被用于植物群落物种多样性的计算（张金屯，2011）。均匀度指数表征群落内物种分布的情况，常用 Pielou 均匀度指数（郑元润，1998）、Altatalo 均匀度指数（奚为民，1997）、Hurlbert 均匀度指数以及 Sheldon 均匀度指数等，其中 Pielou 均匀度指数应用最广泛。优势度指数表征植物群落中物种的优势度，与多样性指数表征的生态学含义相反，常用 Simpson 优势度指数。

（三）群落结构

群落结构是指群落内所有物种及其个体在空间和时间上的配置状态。植物群落除具有物种组成及多样性特征外，结构特征是其另一个重要特征。每个植物群落类型都具有相对稳定的结构，这充分反映了植物群落对自然环境的适应力，有助于对植物群落进行分类，不同的群落类型，其结构也大不相同。植物群落结构包括层片结构、垂直结构、水平结构与时间结构等，其中水平结构与垂直结构是植物群落的基本结构。

植物群落水平结构是由植物生态学特性、种间关系及环境条件综合决定的。在森林群落中，乔木种群作为优势种群，其径级结构在一定程度上反映了群落的水平结构及种群的年龄结构，常用于分析种群的生长状况，探讨群落的发育与演替阶段。进行乔木径级结构的监测与分析，不仅能够掌握森林群落优势种群的分布状况，还促进了森林群落演替影响因子（Hansjörg，2002）、生态系统物质与能量转化等方面的研究。近年来，我国学者对小兴安岭原始阔叶红松林研究结果显示，群落处于增长阶段或稳定阶段（侯红亚，2014）。长白山不同演替阶段阔叶红松林乔木径级结构呈倒“J”型，且随演替进程其径级向大径级偏移（陆龙龙，2019）。伏牛山北坡锐齿槲栎的径级结构近似于倒“J”形，整个种群为增长型，而南坡锐齿槲栎的径级结构近似于单峰型，种群结构稳定（陈诗，2018）。

植物群落垂直结构是群落中各种群之间以及种群与环境之间相互竞争和相互选择的结果（张宏达等，1955）。森林群落中，乔木作为建群种，其高度结构在很大程度上决定群落的垂直结构。通过对乔木全部个体高度的调查与分析，可以直观地看到森林群落乔木不同层级上个体的作用与地位。乔木生物学特点、生长状况、环境因子对乔木种群高度结构的形成有重要影响。关于森林群落乔木高度结构的研究成果有很多，新疆甘家湖梭梭林高度结构为典型的倒“J”型分布（李建贵等，2003），群幼苗充足，为增长种群；桂旭君等在研究鼎湖山南亚热带常绿阔叶林垂直结构时，将群落分为林冠上层、林冠中层、林冠下层、亚冠层和灌木层 5 层（桂旭君等，2019）；谢春平等（2011）将乌冈栎群落分为乔木层、灌木层、草本层和层间（谢春平等，2011）。

（四）复垦区植物群落研究

1. 国际复垦区植物群落研究

与自然区域植物群落研究起始时间相比，国内外开展复垦区植物群落研究的时间均较晚。由于国外复垦区生态恢复多为自然恢复，因此相关研究较少。Al - Reza 等（2016）与 Prasetyo 等（2017）对苏门答腊岛南部的 PT Bukit Asam 复垦区植被进行了物种种类及多样性调查研究，结果显示该区域植物物种很少，仅有十余种。Rooney 等（2011）与 Pinno 等（2015）监测了加拿大北部艾伯塔省油砂矿区湿地草甸、再生林和天然林植物群落结构和组成，发现再生林物种多样性有所提高，但与天然林还有很大差距。

2. 国内主要复垦区植物群落研究

中国矿区生态恢复多为人工辅助恢复，相关研究较多，研究区域主要集中在内蒙古自治区、辽宁、山西、安徽、四川等矿山资源丰富的地区。

赵洋等（2015）研究了内蒙古黑岱沟露天煤矿排土场人工植被模式下的草本植物种类，王同智等（2014）比较了排土场与原地貌植物群落，张雅楠（2013）将不同排土场进行了对比，研究发现排土场植物多样性明显提高，但植物群落简单，未向复杂结构演化，撂荒地的植物物种最丰富。王俊惠等（2018）将复垦区与围封草场区的植被特征进行比较，结果表明排土场植物物种丰富度、地上生物量等与围封放牧场存在显著性差异。珊丹等（2017，2019）研究了内蒙古胜利露天煤矿排土场不同植物群落特征及土壤养分变化和水保工程措施对排土场植物群落的影响，结果表明柠条+紫花苜蓿配置模式生态恢复效果较好，豆科牧草可作为植被恢复的先锋物种。许丽等（2005）对辽宁海州露天煤矿物种多样性的研究表明，不同排土场物种组成差异较大，草本植物群落逐渐演替为乔木群落，物种多样性指数与排土年限显著正相关。王凯等（2015）研究发现排土场的坡位与坡向是影响植物恢复的重要因子。范军富等（2006）对排土场野生植物入侵的研究表明，野生植物的入侵改变了土壤性质，有利于提高物种多样性，影响植物群落的稳定性。李霖等（2019）和刘杨波等（2020）分别对山西阳煤矿区与潞安矿区煤矸石山草本植物群落进行了研究，其结果均表明草本植物群落仍处于演替的初、中期阶段，稳定性差，植被类型、复垦年限、地形是草本植物群落物种多样性的主要影响因子。田胜尼等（2005）研究了安徽省铜陵铜尾矿库可定居的植物及其基质的性质，结果表明尾矿库共有 122 种植物，其中菊科、禾本科、豆科草本植物是先锋植物，优势植物群落明显改善了基质的理化性质。周涛等（2019）对四川省攀枝花钒钛磁铁矿排土场植物群落特征进行了研究，结果表明排土场共有 36 种植物，其中禾本科植物最多，其次为豆科与菊科植物，芦苇、扭黄茅和碱蓬为优势种。

3. 安太堡露天煤矿复垦区植物群落研究进展

王改玲等（2000）对复垦区野生植物侵入的种类进行调查，分析了侵入频度。同时对排土场刺槐生长情况进行了研究，结果表明排土场坡向、坡度、植被模式和地表物质组成是刺槐生长的主要影响因子。郝蓉等（2003）对主要复垦植物群落进行了研究，结果表明植物群落结构逐渐趋于复杂，刺槐+油松、刺槐+油松+柠条、刺槐+沙棘和刺槐纯林为较好模式，这与郭逍宇等（2005）对复垦植物群落物种多样性的研究结果一致。许建伟等（2010）对复垦区植物群落多样性及其环境因子进行了研究，结果表明随生态恢复时间的增加，植物群落物种多样性提高。王丽媛等（2012）与孙东辉（2012）分别对刺槐+油松、刺槐纯林模式乔木种群数量特征、空间分布格局进行了初步分析。邢慧（2015）对南排土场 2 种植被恢复模式乔木、灌木种群数量特征进行了研究，结果表明乔木恢复模式优于乔灌模式。岳建英等（2016）对复垦区野生定居植物的研究结果表明复垦区共有 207 种野生植物，优势种主要为禾本科、菊科、豆科草本，乔木群落植物物种多样性高于灌木与草本植物群落。张青等（2016）分析了刺槐+榆树+臭椿模式更新植物种群特征，研究表明幼苗、幼树的存活受其高度和生物因子的共同影响，复垦区物种自然更新中存在密度制约效应。董倩等（2018）对复垦区不同复垦模式草本植物群落进行了分类、排序，结果显示地形、植物种类和植被恢复年限是草本植物群丛的关键影响因子。

（五）森林碳密度

森林植被集中了全球的陆地生物量，其有机碳的量占整个陆地植被碳储量的 72%～98%，在区域和全球碳循环、维持大气碳平衡及缓解气候变暖方面发挥着重要作用（Oreskes，2004；Park et al.，2017；Zhu et al.，2020）。由于森林是陆地生态系统的主体，其碳储量为研究森林生态系统向大气吸收和排放 CO_2 的关键因子。因此，森林固碳效应及全球碳平衡研究逐渐成为各国生态学研究的热点（Gower et al.，2001），碳密度作为衡量单位面积碳储量的指标，也被广泛关注。

从文献报道时间来看，国内外对森林碳储量及碳密度的研究可分为 2 个阶段，如下所示。

（1）萌芽阶段（1991—2006 年） 森林碳储量及碳密度的研究刚刚兴起。随着国际上碳循环研究的流行，作为森林与大气 CO_2 交换的关键参数，碳储量开始受到学者关注。国内外学者开始对森林地上部分生物量与碳储量的估测进行多种方法的尝试（Paul，1991；阮宏华等，1997；方精云等，1996），这个阶段由于受理论与技术的限制，经验模型应用较多，但缺乏实验性研究，该阶段后期基于国家乃至全球的大尺度研究开始盛行（Houghton，1999；Fang et al.，2001）。

（2）快速发展阶段（2007 至今） 国内外关于森林碳储量及碳密度的研究急速增多。基于理论研究的最新成果、新技术、新方法的不断涌现，作为生态系统服务的重要功能，森林固碳研究得到了国内外众多学者的青睐。这个阶段主要揭示森林碳储量时空格局，重视林下植被（Christian et al.，2016）、根系（Wang et al.，2020）以及土壤碳库对森林生态系统碳储量的影响。

从研究内容来看，森林碳储量及碳密度研究可分为理论研究、技术研发、监测评价、模型构建与格局揭示 5 大类，涉及对森林生态系统碳储量的影响因子、森林固碳作用的估算、新方法的应用、现状与潜力的评估与预测、估测模型的改进、时空分布格局的揭示，其中有关理论研究、监测评价与格局揭示的研究占比达 80% 以上，而有关技术研发和模型构建的研究占比较小（马学威等，2019）。

（1）理论研究　一方面对森林生态系统碳储量的影响因子进行了大量研究，其中气候（赵敏和周广胜，2004）、地形（Mascaro et al.，2011；Marshll et al.，2012）、林龄（徐冰等，2010）和营林措施（Chiang et al.，2008；Ryu et al.，2009）是影响森林生态系统碳储量的主要因子。另一方面对森林演替过程中，其碳储量的动态变化进行了研究（Kovel et al.，2000；Zeng et al.，2013）。

（2）技术研发　主要围绕森林碳储量及碳密度估算方法而进行研究。目前，森林碳储量估算方法有生物量法、碳通量监测法与稳定性同位素法。

（3）监测评价　基于多种方法的森林生态系统碳储量估算与预测，国内外学者在区域、国家乃至全球尺度上广泛开展研究（Zhang et al.，2007），同时在不同时空尺度上对不同森林类型碳汇潜力与价值也进行了大量评估研究（Kaul et al.，2010）。

（4）模型构建　表现为经验模型逐步向生理生态机制模型的转变。以静态统计模型为主的经验模型是利用气候相关数据来估测净初级生产力和碳储量。该模型受应用条件和范围的局限性，估算一定范围内森林碳储量较为准确，但无法揭示植物物质循环及能量流动的过程和机理（刘广和张晓丽，2007）。基于生态系统过程与机制的生理生态机制模型能综合模拟植被的光合作用、呼吸作用以及它们与环境的相互关系，可对过去和未来气候变化条件下生态系统的碳循环过程进行推测和量化（Hidy et al.，2015）。

（5）格局揭示　近年来国内外学者开展了不同尺度下森林碳储量的时空格局研究（Wang et al.，2018；Sivrikaya et al.，2013），揭示了生物量碳储量在时间与空间上的分布与变化、其与自然人为因素的耦合关系，并就不同影响因子进行了探讨。

（六）土壤呼吸

随着气候变化对全球生态环境的影响日益增大，全球碳循环已经成为各国科学家研究的热点之一（赵爽等，2022；Goodrick et al.，2016）。土壤碳库是陆地乃至全球生态系统碳循环的重要组成部分（杨席席等，2022），以土壤呼吸的形式向大气释放大量的 CO_2，引起大气 CO_2 含量的变化，同时大气中的 CO_2 通过光合作用被陆地上的绿色植物固定，通过根系分泌物、凋落物分解等方式向土壤中返还部分碳，形成土壤碳循环。土壤呼吸测定方法大致分为 3 类（张萌等，2021），如下所示。

（1）微气象法　即根据气象原理确定地面附近气体排放流量的一种方法，主要包括空气动力学法、涡度相关法、能量平衡法和松弛涡度累积法。

（2）静态气室法　即在待测样地上方安装气体收集室，收集一定时间后的 CO_2 气体，根据气体体积和收集时间来计算土壤的呼吸速率（魏书精等，2014）。基于设备的区别，该方法又可分为静态碱液吸收法和静态空气密闭室法。

（3）动态气室法　即直接将气室与红外 CO_2 气体分析仪连接，通过气体分析仪测量气室中 CO_2 浓度的变化来估算土壤的呼吸速率，该方法可分为封闭式和开放式动态模式红外 CO_2 气体分析方法。近年来，随着红外分析技术和碳通量测量仪的不断改进和更新，动态气室法逐渐成为国内外最受欢迎的土壤呼吸测量方法。与静态气室法相比，动态气室法可以更准确地测量土壤呼吸的真实速率。研究表明，采用动态气室法获得的结果较静态气室法准确（Hu et al.，2020）。因此，动态气室法更适合于测量瞬时和总碳通量，其将成为测量土壤碳通量的主要方法（李亚森等，2018）。

国外对土壤呼吸重视较早，可追溯到 20 世纪初，但主要针对耕作土壤，集中于欧洲和北美。土壤呼吸大规模的研究始于 20 世纪 70 年代，对温带草原、温带森林和印度热带草原的研究较多（方精云和王娓，2007），除此之外，关于农田土壤呼吸的研究也占相当大的比例（魏书精等，2014）。特别是 20 世纪 90 年代以来，随着人们逐渐认识到土壤呼吸是大气 CO_2 重要的来源，而备受关注（陈龙飞等，2015）。我国对土壤呼吸问题的研究起步较晚，开始于 20 世纪 90 年代，早期有对农田排放 CO_2 的测定，近年来针对北方森林（田志杰等，2020）、亚热带森林（杨智杰等，2018）、热带季雨林（王亚军和郁珊珊，2016）、北方草原（范凯凯等，2022）等不同生态类型及青藏高原（谢勇等，2016）、毛乌素沙地（王荣女，2021）、喀斯特石漠化地区（许敏等，2021）等特殊生态区域均开展了一系列研究。

从研究热点来看，可将土壤呼吸研究分为 3 个阶段（刘波，2021）。

（1）2000 年之前　土壤呼吸的研究热点集中于涡度协方差（Julia et al.，2000）、相对生长率、欧洲通量网、泥炭土与建模等，因此，该阶段的研究主要为技术方法的突破与创新。

（2）2000—2010 年　这一阶段侧重于土壤环境和气象因子等方面的研究，主要包括降水（Huxman et al.，2004；Xu et al.，2004；Borken and Matzner，2009）、温度（Jia et al.，2006）、根系（Hogberg et al.，2001；Hanson et al.，2000；Bhupinderpal - Singh et al.，2003）、微生物（Anonymous，2008）等因素对土壤呼吸的影响。

（3）2010 年至今　土壤呼吸研究在研究尺度及手段上有了新突破，热点主要集中在根际沉积（Bakhshandeh et al.，2019；Wang et al.，2017）、氮添加（Yang et al.，2022；Wu et al.，2021；Xiao et al.，2020）、土壤异养呼吸（Bradford et al.，2008；Karhu et al.，2014）、生态系统碳交换量、净生态系统生产能力（Yue et al.，2016）、全球对土壤呼吸的影响（Zhou et al.，2016），可以看出该阶段的土壤呼吸研究开始由呼吸组分向生态系统碳通量方向发展。

在全球气候变化和温室效应的大背景下，土壤呼吸的研究将主要集中于土壤氮碳（氮添加、有效氮，净氮矿化、总有机碳等）、呼吸组分（基础呼吸、根际呼吸等）和动态特征（呼吸速率、净生态系统交换量、年际动态、全球动态等）方面。

（七）森林健康评价

1. 森林健康评价内涵

随着社会经济的快速发展，全球生态环境恶化，森林面积急剧减少，生态系统严重受损，直接威胁到人类的生存。20 世纪 70 年代末期，欧美国家发现人工林在造林和营林过程中出现了一系列问题，林分结构简单，生活力差，病虫害严重，涵养水源、保持水土功能下降，并称之为新型森林受害现象，首次提出了森林健康这一概念。森林生态系统的退化，让人类对森林健康的理解更加深入，同时把森林健康的内涵延伸至森林生态系统健康（Society of American Foresters，1993）。1989 年 Rapport 首次论述了生态系统健康的内涵，认为健康的生态系统是一个有活力、能维持自身组织结构、自我恢复的生态系统。

生态系统健康的内涵包含以下两个方面：具有满足人类社会合理需求的能力和具有自我维持与更新的能力（Rapport，1989）。依托生态系统健康内涵，学者们尝试对森林生态系统健康状况进行了评价。森林健康评价是指采用完善的评价指标体系，应用合理的评价方法对森林的健康状况进行诊断和评估，是对森林生产力水平、结构状态、抵抗外界干扰能力以及服务功能等多方面综合能力的评价（鲁绍伟等，2006）。

2. 森林健康评价方法

从森林生态系统健康评价体系来讲，主要有指示物种评价法和指标评价法。

（1）指示物种评价法　一般是选取森林生态系统中有指示功能的特有动植物、敏感植物、森林鸟类、森林土壤动物、森林土壤微生物等（孔红梅等，2002）来对其进行健康评价，分为单物种评价和多物种评价。单物种评价只应用于极少数生态系统的健康评价中，所选用的指示物种必须能最大程度反馈生态系统受胁迫的程度，即使生态系统遭受极其微小的胁迫也能引起其数量、形态、生活力等变化。多物种评价通常选用多个可以反映生态系统不同特征和恢复力的敏感物种，监测这些物种的参数，从而对生态系统健康状况进行评价。指示物种评价法虽然比较简单，但有一定的局限性；如果选取的指示物种敏感度不够或其监测的参数不合适，都会造成评价结果的偏差（马克明等，2001）。此外，这种方法适用生态系统类型有限，且较难全面地反映评价对象的健康水平，特别是亚健康状态的生态系统（章家恩和骆世明，2004）。

（2）指标评价法　分为单项指标评价和综合指标评价 2 大类。由于单项指标评价方法只选取一个指标进行健康评价，对森林健康状况反映不全面，因此大多数学者选用综合指标评价方法。指标选取时要注重科学性、长效性、综合性和可比性原则，指标体系可以是单方面指标构成的指标体系，也可以是多方面指标构成的综合指标体系。综合指标评价方法虽然可以全面反映评价生态系统的健康状况，但由于选用的指标多，有些指标数据不易获取，增加了评价的工作量，且受各指标之间的交互影响，会给指标权重的确定带来偏差（陈高等，2002）。

综合指标评价方法有主成分分析法、层次分析法、聚类分析法、健康距离法、人工神经网络法等。主成分分析法通过用线性变化的方法将多个指标转换成少数互不相关的指标，从而计算综合得分，简单易操作，避免了主观因素的影响，但对数据精确度要求高。层次分析法于 20 世纪 70 年代提出，能将定性因子定量化，减少主观影响，是科学、简便的方法。目前该方法已广泛应用于森林健康评价中，但仍避免不了随机性与主观的不确定性。聚类分析法是将评价单元作为分析的样本，再将评价指标作为样本的变量，根据指标接近程度，将评价单元划分为若干类进行分析的方法。健康距离法是将受干扰生态系统指标值与原来健康生态系统指标值进行对比，计算指标偏离程度（健康损益值–健康距离），来评价生态系统健康状况的方法（谷建才等，2006），该方法虽然清晰易懂，但要找到与评价目标生态系统相同的“健康”生态系统，在实际评价中存在一定的难度。人工神经网络法是通过将大量简单的神经元相互连接形成非线性系统，来模仿生物神经网络功能的一种经验模型，在较大程度避免了主观因素对评价结果的影响（甘敬等，2007）。

除此之外，评价方法还有模糊评价法、灰色关联度法等。由于每种评价方法都有各自的优缺点、使用条件与范围，因此采用不同的评价方法，评价结果会有所不同。在对森林生态系统健康进行评价时，要根据评价对象、目标及内容，选用合适的评价方法。

3. 人工林健康评价

我国开展人工林健康评价研究的时间较晚，主要集中在2000年以后。与天然林健康评价研究相比，人工林健康评价研究的林分类型与区域较少。

赵勇钧等（2019）对广西热带林业实验中心的马尾松人工林进行健康评价，结果表明不同林龄健康水平从高到低排序为：近熟林、中龄林、成熟林、幼龄林。杨枝林（2012）对湖南衡山县紫金山林场的马尾松人工林进行健康评价研究，结果显示马尾松林均处于亚健康状态，物种丰富度、植物多样性指数、病虫害指数、林分易燃度指数是影响马尾松人工林健康的关键因子。周洋等（2014）与王方（2012）均对吉林汪清县的金沟岭林场落叶松人工林进行了健康评价，结果表明近熟林为健康林，中龄林和成熟林为亚健康林。李梅（2013）对河北木兰林管局龙头山林场华北落叶松人工林进行健康评价，结果表明不同经营措施下，林分健康状况呈现差异，6块为健康的标准地，5块为亚健康，5块为不健康状态。熊修文等（2019）对昆明市海口林场华山松人工林进行健康评价，结果表明华山松人工林总体处于良好健康状态，健康指数随着林龄的增长而升高。郭艳荣（2011）对内蒙古中部的油松林健康状况进行了评价，结果表明油松人工林偏向于亚健康。罗梅（2013）对福建将乐林场杉木人工林进行健康评价，结果表明2007年杉木人工林整体为健康水平，与1996年相比，幼龄林的健康水平下降，中龄林提高至健康水平，近熟林、成熟林与过熟林的健康水平均有提高。徐梅和关庆伟（2014）对徐州侧柏人工林健康评价结果表明整体为亚健康等级。张顺祥等（2016）、刘金良等（2014）与熊樱（2013）分别对陕西寿县、渭北黄土高原区及延安城郊刺槐人工林进行健康评价，均显示大部分刺槐人工林为亚健康状态。张根涛（2018）对广西沙塘林场桉树人工林健康评价的结果显示桉树人工林整体健康状况良好，幼龄林、成熟林健康水平较低，中龄林健康水平良好，近熟林、过熟林健康水平较高。李鑫（2017）对安太堡露天煤矿排土场4种人工林健康状况进行了评价，结果表明刺槐+榆树+臭椿人工林最健康。

4. 森林健康评价存在的问题

森林生态系统健康评价虽有很多实例，但还存在若干问题亟待解决。由于没有统一的森林健康评价标准，大多学者根据评价对象、目标与内容的不同，在自己熟悉的研究领域进行评价，势必会降低评价结果的真实性。森林生态系统千差万别，其所对应的评价指标体系也会大不相同，目前还缺乏被大多数学者认可的指标评价体系。在森林健康状况评价时，如果所选的指标不准确或难以量化，均会给评价结果造成严重影响。虽然遵循统一的指标选取原则，但不同学者指标选取的侧重点不同，会使指标的选取过于主观化。此外，评价指标标准不统一也是存在的一大问题，影响指标标准统一的因素有很多，如森林类型、立地条件、天然林、人工林、人为干扰等，评价指标标准不统一，也会使评价结果出现差异。由于森林生态系统处于不同的演替阶段，需要对评价指标进行长期监测，从不同时间、不同空间上进行评价，才能真实反映森林的健康状况。现有的评价方法都存在一些缺陷，有些计算复杂，有些实施难度大，评价方法还有待进一步地提高和完善。

四、研究展望

安太堡露天煤矿复垦区人工植被正处于不同的生长演替阶段，本书仅介绍了其一定时间内植被数量特征、人工林群落结构、乔木层碳密度及土壤呼吸的动态特征，并对人工林健康状况进行了评价。通常一个复杂的植物群落从生长到死亡，需要历经几十年甚至是上百年。那么，要想了解安太堡露天煤矿复垦区人工植被的生长发育与演替规律，就需要对其进行长期的调查与监测。

（1）虽然对安太堡露天煤矿复垦区植物群落进行了系统调查，阐明了其物种组成、区系地理成分及群落分布特征，但仍需要进一步对人工植被进行跟踪调查，密切关注消失种与新增种，探讨自然环境对植物生长、发育与分布的影响。

（2）建立了长期定点观测样地，揭示了人工林 6 年间乔木生长及林下草本物种多样性的动态及其影响因素。今后将持续对长期观测样地人工林开展林分结构与草本植物多样性的监测，同时监测林下土壤养分状况与气候因子，进而分析人工林发育与演替规律。

（3）在研究人工林群落结构的同时，对其乔木层碳密度的动态特征也进行了初步探究，但人工林生态系统作为复垦区重要的生态类型，其整体的固碳效果如何还需进一步的研究。今后要特别加强林下草本植物、凋落物、植物根系与土壤碳储量及碳密度的时空分布格局的研究，探讨人工林不同演替阶段的碳储量及碳密度变化规律。

（4）本书仅对人工林土壤呼吸及其组分的日变化与季节变化进行了动态研究，由于监测时间短，还不能全面、真实地反映各样地土壤呼吸的动态特征。在今后的研究中应持续对各样地的土壤呼吸速率进行年度跟踪监测，在考虑植被类型、种群和群落、土壤微生物等因素对土壤呼吸的影响的同时，特别要加强土壤呼吸不同组分的相关性研究。

（5）初步对人工林生态系统进行了健康评价，明确了其存在的问题，并提出了科学的管理对策。今后应用“反演”、遥感影像等先进技术，从不同的时间和空间尺度上对复垦区人工林生态系统进行健康评价，随时掌握人工林的健康状况。

第二章

研究区概况

一、地理位置

安太堡露天煤矿隶属于中煤平朔集团有限公司，地处黄土高原东北部，位于宁武煤田北端，与神府东胜煤田相连，是我国最大的露天煤矿，距山西省朔州市平鲁区东南 5km，地理坐标：112°10′~112°30′E，39°23′~39°37′N（图 2-1）。矿区总面积达 $376km^2$，煤炭地质储量约为 126 亿 t。

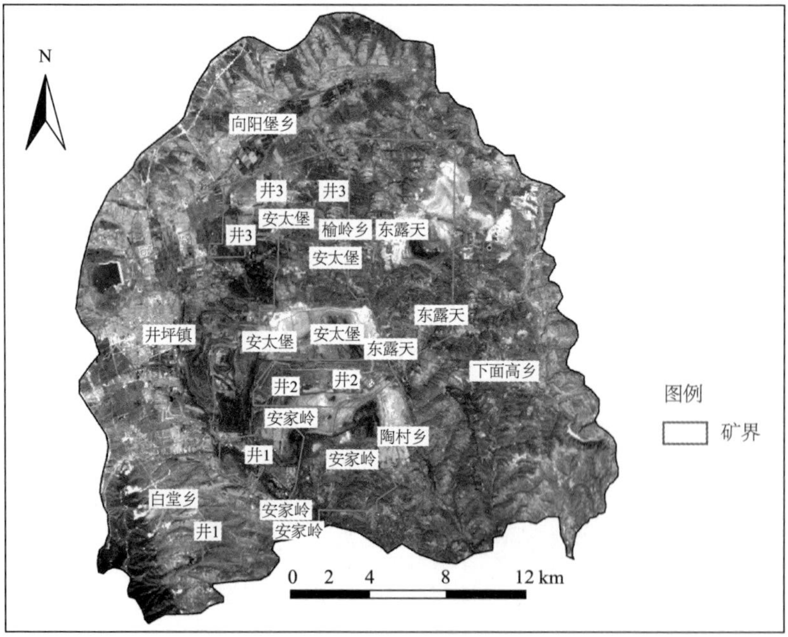

图 2-1　平朔安太堡露天煤矿矿界示意图

二、地质地貌

宁武煤田的基底为一套古老的变质岩系，主要由石灰岩、砂岩和页岩组成。 地层沉积总厚达 2600~3500m，沉积中心位于煤田中南部宁武-静乐一带，地层厚度在 3500m 以上，而北部平鲁井坪-朔城区一带仅几百米，中心出露最新地层为中生界侏罗系，向周围依次为中生界三叠系、古生界二叠系、石炭系、奥陶系、寒武系，太古界五台群，新生界第三系、第四系在南部静乐盆地及北部朔城区平原厚度达 200m 以上。

所在区域属于山西黄土高原台地之低山丘陵，全区多为黄土所覆盖，区内黄土台地曾经受强烈的侵蚀切割作用，加之区内植被稀疏，形成梁埂峁等黄土高原地貌景观。 沟谷多呈树枝状分布，形态为“V”字形或“U”字形，切割深度为 30~50m。矿区内地形多样，包括高地、陡坡、缓坡、平台、沟壑、河谷等，地势起伏变化较大，区内地势东、北高，西、南低，海拔 1250~1350m，其中最高点羊圈村南为 1501m，最低点七里河河床为 1180m，相对高差 320m 左右（李晋川和白中科，2000）。

三、水文

安太堡露天煤矿区地表水系属于海河流域的永定河水系，主要有桑干河及恢河、七里河、源子河、马关河、黄水河等支流。 马关河与七里河分别从东西两侧流经安太堡露天煤矿，向北汇入永定河，最后流入渤海。 七里河是恢河的一级支流，源于平鲁芦家岭，流经平鲁、朔城区至二十里铺入恢河，全长 38. 5km，流域面积 $280km^2$，该河在二铺煤矿东侧横跨安太堡矿一坑。 马关河是桑干河上游支流，为季节性河流，发源于榆岭乡上梨园、梨阳坡等地，经陶村乡杨井沟、王高登、刘高登、计高登、西家寨、陶东、陶西七村汇合于歇马关，从歇马关村出境流向朔城区林家口，全长 29km。 总体来看，矿区的地表水和地下水很少，水资源严重匮乏。

四、气候

安太堡露天煤矿所在区域四季分明，冬春季干旱少雨、寒冷、多风，夏秋降水集中、温冷少风，属于典型的北温带半干旱大陆性季风气候。

1. 气温

矿区年平均气温为 4.8～7.8℃，极端最高温度为 37.9℃，极端最低温度为 -32.4℃，≥10℃的年积温为 2200～2500℃。一般日温差在 18～25℃，年温差最高可达 61.8℃，具有气温较低、日温差和年温差大的特点。

2. 降水量与蒸发量

由于受南太平洋及西印度洋暖湿气流和西伯利亚冷空气的影响，矿区降水量在时间上分布极不均匀：降水一般多集中分布在六、七、八、九月份，约占全年降水量的 70%；年平均降水量为 428.2～449.0mm，最高年降水 757.4mm，最低年降水 195.6mm。矿区的年蒸发量是降水量的 4～5 倍，在 1786.7～2598mm，一般为 2066.7mm，一年中，一月份蒸发量最小，五、六、七月份为蒸发旺盛期。

3. 霜期

矿区的初霜期一般在每年九月下旬开始，初霜期最早出现在 9 月 11 日，最迟为 10 月 4 日；终霜期为次年四月份，个别年为五月上旬，最晚为 6 月 7 日。无霜期时间较短，年均为 102～137d；最长为 132～162d，最短为 81～122d。封冻日期最早为十月中旬，最晚为十一月中旬，解冻日期最早为次年的三月份，最晚为四月中旬，封冻期约为 152d；冻土深度一般在 1.11m 左右，最大为 1.31m。

4. 风速

矿区的风多集中于冬春季节，风向多为西风和西北风，年平均风速为 2.3～4.7m/s，最大风速可达 21.7m/s。每年有风时间占全年总时间的 70%，平均每年出现 40d 左右的大风，8 级以上的大风约为 35d，飓风天有 2d 左右，风沙日在 29d 以上，这也是该地风蚀地貌形成的主要因素。

五、土壤

安太堡露天煤矿分布在洪积、冲积平原及河流二级阶地或沟台地，主要地带性土壤为栗钙土，其成土母质多为黄土性的冲积物、洪积物、坡积物，也有部分地带性的风积物，多数为花岗岩、片麻岩的风化产物。土壤风化强烈，土质偏沙，加之植物稀疏，地表沟壑纵深、水土流失严重，据统计土壤侵蚀模数高达 10120t/（km · a）。黄土丘陵区的峁梁、倾斜平地及河谷沟地上的土壤，绝大多数为农耕地，少数为林地、荒地。由于自然条件差，耕作粗放，土壤贫瘠，耕层土壤全氮含量一般在 0.3~0.6g/kg；速效磷含量一般在 5.0~8.0mg/kg，少数在 10mg/kg 以上，或仅有 2.0~3.0mg/kg；速效钾含量一般在 50~80mg/kg，少数超过 100mg/kg；土壤有机质含量一般在 5.0~9.0g/kg，少数甚至低于 5.0g/kg，远低于全国平均水平。

六、植被

安太堡露天煤矿所在区域为温带草原地带，林地较少，草地资源丰富，主要为天然次生林、人工林及天然灌丛。天然次生林有华北落叶松（*Larix principis－rupprechtii*）、油松（*Pinus tabulaeformis*）、山杨（*Populus davidiana*）、白桦（*Betula platyphylla*）等；人工林以小叶杨（*Populus simonii*）、北沙柳（*Salix psammophila*）、榆树（*Ulmus pumila*）等为主；天然灌木丛则以耐干旱、耐瘠薄的沙棘（*Hippophae rhamnoides*）为主。煤炭资源的开采，天然次生林已损坏殆尽，草地呈零星分布，植被群落单一，覆盖率低，主要的草丛群落有百里香+狼毒群丛（Ass. *Thymus mongolicus*＋*Stellera chamaejasme*），猪毛蒿＋沙蓬＋猪毛菜群丛（Ass. *Artemisia scoparia*＋*Agriophyllum squarrosum*＋*Salsola collina*）等。在河谷内，常出现芦苇（*Phragmites australis*）、羊草（*Leymus chinensis*）、野大豆（*Glycine soja*）等多年生草本植物组成的河漫滩草甸，多分布在河流区域，分布面积小。

七、复垦概况

安太堡露天煤矿 1985 年建矿，一直秉承“采、运、排、复”一体化的开采理念，经过 30 多年的开采，安太堡露天煤矿复垦区现有外排土场（二铺排土场）、南排土场、内排土场、西排土场、西排土场扩大区 5 个排土场（潘子关，2012）。

外排土场是最早的排土场，1987—2008 年进行生态修复，植被覆盖率达 80% 以上。南排土场总面积 180. 5hm^2，1992—2010 年进行生态修复，已修复面积 174. 94hm^2，植被覆盖率高达 95%。植被类型包括刺槐林、刺槐+油松林、刺槐+榆树+臭椿林、刺槐+柠条林等人工林，生态修复成效较好。西排土场总面积 280. 16hm^2，1994—1997 年进行生态修复，已修复面积 266. 06hm^2，植被覆盖率达 90%，植被类型为青杆+白杆+油松林、刺槐+沙棘林、榆树+乌柳林等人工林群落及紫花苜蓿群落等。西排土场扩大区面积为 333. 8hm^2，主要修复为农地，种植马铃薯、荞麦、饲料玉米等农作物以及药用黄芪。内排土场面积最大（784. 4hm^2），自 2002 年开始生态修复，已修复面积占总面积的 60%，建设有羊舍、日光温室大棚、智能温室大棚以及人工湖等。植被类型包括刺槐+柠条+沙枣人工林，沙棘灌丛、柠条灌丛等。

排土场初期种植植物包括无芒雀麦、扁穗冰草、斜茎黄芪等草本植物，种子播种；刺槐、臭椿、榆树、乌柳、沙棘、柠条、沙枣等乔木与灌木植物，均为 1 年生苗，均高 30cm；青杆、白杆、油松为 5 年生苗，均高 1m。刺槐+油松林隔行种植，行距 1m，刺槐株距 1. 5m，油松株距 5m；青杆+白杆+油松林隔行种植，株行距均为 5m；刺槐林株行距均为 1m；刺槐+榆树+臭椿林、榆树+乌柳林、刺槐+柠条林、刺槐+沙棘林与刺槐+柠条+沙枣林均为隔行种植，株行距均为 1m。

排土场采用岩土混排工艺，表土厚度在 50～150cm，下层多为采煤后的沙石，相对高度 100～150m，台阶高度 20～40m，台阶坡面角>30°。土壤结构不良，无发育层，母质组成复杂，主要有黄土、红黏土、砂页岩及其他基岩和矸石等。此外，排土场平台土体因工程设备的碾压，土壤容重偏大。

第三章

复垦区植被数量分析

一、引言

自20世纪80年代末，安太堡露天煤矿复垦区开始进行生态修复，先后引种了几十种先锋与适生植物，进行了不同草本模式、乔灌模式及不同乔木模式的种植研究，形成现有的不同种植模式、不同种植时间、不同生长状况的人工生态系统。经过多年自然环境的选择，草本模式退化，乔灌模式生长缓慢，乔木模式开始演替，许多植被类型已与当初大相径庭（郭春燕等，2017）。目前，复垦区主要有针叶林、针阔混交林、阔叶林、阔叶混交林、草本植物群落等人工植被类型。本章在对复垦区植物群落连续清查的基础上，采用双向指示种分析（TWINSPAN）与去趋势对应分析（DCA）的方法，对植被进行分类与排序，分析植被与环境因子的相关关系，从而进一步掌握复垦区植物群落物种组成与分布格局，为复垦区植被生态修复研究提供理论依据。

二、研究方法

（一）野外调查

在复垦区内，选取不同海拔有代表性的种植模式为植被调查样地。

1. 森林群落调查方法

设置 20m×30m 的样地，再将样地划分为 6 个 10m×10m 的小样方。测量小样方（10m×10m）内所有乔木树高与 DBH（胸径），DBH<2cm 的乔木按灌木统计，测量其基径与高度，记录每株乔木物种名、株数、生活力；取对角线的 2 个小样方（10m×10m）为灌木样方，记录样方内全部灌木的物种名、株数、高度、盖度等。在 6 个小样方（10m×10m）中分别布设 1 个 1m×1m 的草本样方，记录所有草本的物种名、平均高度、盖度、多度等。

2. 草本植物群落调查方法

样地面积 10m×10m，在样地四角以及中心处选择 5 个 1m×1m 的小样方进行草本调查，分别记录每个小样方中全部草本植物的物种名、平均高度、盖度、多度等。

记录每块样地地形、海拔、坡向、坡度、土壤类型、干扰状况等。共记录森林群落样方 33 个，草本植物群落样方 102 个。

（二）数据处理

剔除野外调查数据中频度<10% 的偶见种。以重要值（*IV*）为数据分析指标，乔木、灌木和草本的重要值计算方法见式（3-1）至式（3-3）（李旭华，2014）。

$$IV_{乔}=（相对密度+相对高度+相对优势度）/3 \quad （3-1）$$

$$IV_{灌}=（相对密度+相对高度+相对盖度）/3 \quad （3-2）$$

$$IV_{草}=（相对高度+相对盖度）/2 \quad （3-3）$$

（三）数据分析

植物群落的 TWINSPAN 和 DCA 分析使用 PC－ORD5.0 软件完成。

三、研究结果

（一）植物区系组成

2010—2015 年每年的 5～10 月对安太堡露天煤矿复垦区进行植被调查，结果表明：复垦区共有植物物种250种（含种下等级），隶属于42科149属。其中，苔藓植物1科1属1种，裸子植物1科2属3种，被子植物40科146属246种。

1. 科的组成分析

复垦区植物科内的统计结果表明，较大科（10种以上）有5个，包含80属154种，占属、种总数的53.7%和61.6%，其中菊科（Compositae）、禾本科（Gramineae）与豆科（Leguminosae）为优势科（表3－1）。中型科（6~9种）、小科（2~5种）和极小科（1种）共有37个，包含69属96种，占科、属、种总数的88.1%、46.3%和38.4%。较大科虽然少，但包含的物种数最多，说明复垦区植物科的优势现象较为明显。小科、极小科为科的主体，体现了复垦区植物区系科的多样性。

表3－1　复垦区植物科的组成

种数	科名（属数/种数）	科数
≥10	菊科（26/53）；禾本科（24/43）；豆科（16/31）；蔷薇科（9/15）；藜科（5/12）	5
6~9	十字花科（7/8）；唇形科（5/8）；堇菜科（1/6）	3
2~5	蓼科（3/5）；杨柳科（2/5）；毛茛科（2/5）；百合科（2/5）；石竹科（4/4）；紫草科（4/4）；茄科（3/4）；旋花科（3/3）；松科（2/3）；柽柳科（2/3）；萝藦科（1/3）；牻牛儿苗科（2/2）；大戟科（2/2）；锦葵科（2/2）；胡颓子科（2/2）；木樨科（2/2）；亚麻科（1/2）；车前科（1/2）	18
1	葫芦藓科（1/1）；榆科（1/1）；苋科（1/1）；苦木科（1/1）；瑞香科（1/1）；马钱科（1/1）；龙胆科（1/1）；柳叶菜科（1/1）；马鞭草科（1/1）；紫葳科（1/1）；茜草科（1/1）；忍冬科（1/1）；败酱科（1/1）；桔梗科（1/1）；鸭拓草科（1/1）；薯蓣科（1/1）	16
合计		42

2. 属的组成分析

复垦区植物属的组成中含10种以上的属仅有1个，为蒿属（*Artemisia*，15种），含 6~9 种的属有黄芪属（*Astragalus*，7 种）、藜属（*Chenogodium*，6 种）和堇菜属（*Viola*，6 种），寡种属（含 2~5 种）45 属，单种属 100 属，两者占总属数的 97.3%和总种数的 86.4%（表 3-2）。由此可见，本区植物以寡种属和单种属为主。

表 3-2　复垦区植物属的组成

属内含种数	属数	占总属数/%	种数	占总种数/%
≥10	1	0.7	15	6.0
6~9	3	2.0	19	7.6
2~5	45	30.2	116	46.4
1	100	67.1	100	40.0
合计	149	100	250	100

3. 植物物种生活型分析

采用乔木、灌木、草本、草质藤本的分类单元对复垦区植物进行生活型分析，结果见图 3-1。从图 3-1 可以看出，复垦区植物生活型类型少，草本最多，204 种，占本区植物种类的 81%；其次为乔木，19 种，隶属于 7 科 14 属，占 8%；灌木次之，为 17 种，隶属于 9 科 15 属，占 7%；草质藤本植物最少，仅有 10 种，隶属于 4 科 6 属，占 4%。

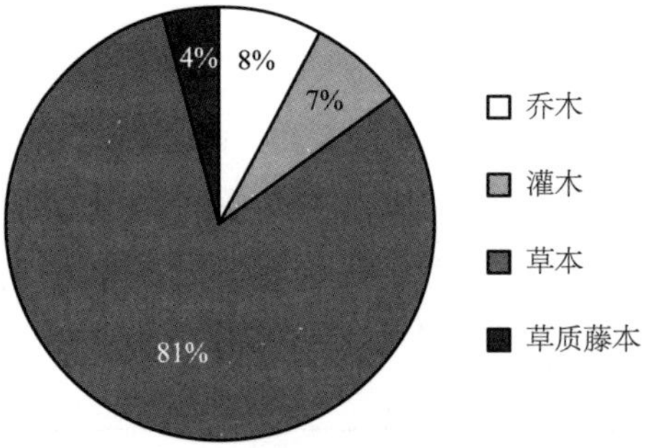

图 3-1　复垦区植物生活型组成

（二）种子植物地理成分分析

参照吴征镒等（1991，2003，2006，2011）关于中国种子植物与王荷生等（1995）关于华北地区植物分布区类型的分析研究，对安太堡露天煤矿复垦区 29 科 119 属 211 种野生种子植物的科、属、种进行了分析。

1. 科的分布区类型

世界分布的科最多，占总科数的 62.1%，主要有蓼科（Polygonaceae）、藜科（Chenopodiaceae）、苋科（Amaranthaceae）、石竹科（Caryophyllaceae）、毛茛科（Ranunculaceae）、十字花科（Cruciferae）、蔷薇科（Rosaceae）、豆科（Leguminosae）、堇菜科（Violaceae）、瑞香科（Thymelaeaceae）、龙胆科（Gentianaceae）、柳叶菜科（Onagraceae）、旋花科（Convolvulaceae）等；其次为泛热带分布的科，有大戟科（Euphorbiaceae）、锦葵科（Malvaceae）、萝藦科（Asclepiadaceae）、紫葳科（Bignoniaceae）、鸭拓草科（Commelinaceae）和薯蓣科（Dioscoreaceae）；其他分布区类型仅包含一个科。复垦区野生种子植物科的分布区类型比较集中，主要为世界分布。

2. 属的分布区类型

复垦区野生种子植物属的主要分布区类型有北温带分布、世界分布、旧世界温带分布、泛热带分布与北温带和南温带间断分布，占总属数的 75.6%。其他分布区类型只有少数属，所占比例很小。

北温带分布的属占总属数的 27.7%，主要有虫实属（*Corispermum*）、翠雀属（*Delphinium*）、芝麻菜属（*Eruca*）、栒子属（*Cotoneaster*）、委陵菜属（*Potentilla*）、蔷薇属（*Rosa*）、绣线菊属（*Spiraea*）、棘豆属（*Oxytropis*）、锦葵属（*Malva*）、胡颓子属（*Elaeagnus*）、月见草属（*Oenothera*）等。

世界分布的属占 15.1%，主要有藜属（*Chenopodium*）、苋属（*Amaranthus*）、铁线莲属（*Clematis*）、独行菜属（*Lepidium*）、黄芪属（*Astragalus*）、老鹳草属（*Geranium*）、龙胆属（*Gentiana*）、旋花属（*Convolvulus*）、黄芩属（*Scutellaria*）、车前属（*Plantago*）、鬼针草属（*Bidens*）、苍耳属（*Xanthium*）、马唐属（*Digitaria*）等。

旧世界温带分布占 14.3%，主要有石竹属（*Dianthus*）、草木樨属（*Melilotus*）、水柏枝属（*Myricaria*）、柽柳属（*Tamarix*）、青兰属（*Dracocephalum*）、益母草属（*Leonurus*）、百里香属（*Thymus*）、沙参属（*Adenophora*）、蒿属（*Artemisia*）、飞廉属（*Carduus*）、蓝刺头属（*Echinops*）、旋覆花属（*Inula*）、麻花头属（*Serratula*）、芨芨草属（*Achnatherum*）、隐子草属（*Cleistogenes*）等。

泛热带分布占11.8%，主要有猪毛菜属（*Salsola*）、米口袋属（*Gueldenstaedtia*）、木槿属（*Hibiscus*）、鹅绒藤属（*Cynanchum*）、打碗花属（*Calystegia*）、菟丝子属（*Cuscuta*）、白酒草属（*Conyza*）、虎尾草属（*Chloris*）、野黍属（*Eriochloa*）、狼尾草属（*Pennisetum*）等。

北温带和南温带间断分布占6.7%，有蚤缀属（*Arenaria*）、蝇子草属（*Silene*）、播娘蒿属（*Descurainia*）、野豌豆属（*Vicia*）、亚麻属（*Linum*）、鹤虱属（*Lappula*）、茜草属（*Rubia*）与臭草属（*Melica*）。

复垦区野生种子植物属的分布区类型多样，温带成分为主，植物区系具有明显的温带特征。

3. 种的分布区类型

按照王荷生等关于华北种子植物种的区系地理成分的划分方法，复垦区野生种子植物共有211种，归入11个分布区类型，11个变型。

（1）世界分布类型　本类型有萹蓄（*Polygonum aviculare*）、藜（*Chenopodium album*）、灰绿藜（*Chenopodium glaucum*）、反枝苋（*Amaranthus retroflexus*）、田旋花（*Convolvulus arvensis*）、南方菟丝子（*Cuscuta australis*）、小蓬草（*Conyza canadensis*）、长裂苦苣菜（*Sonchus brachyotus*）和芦苇（*Phragmites australis*）9种，占总种数的4.3%。

（2）热带分布类型（2－7）　本区各类型热带分布种共有6种，占总种数的2.8%。泛热带-温带分布类型只有龙葵（*Solanum nigrum*）1种，亚洲热带-温带至大洋洲分布类型只有茜草（*Rubia cordifolia*）1种，亚洲热带-温带分布类型有打碗花（*Calystegia hederacea*）、五月艾（*Artemisia indica*）、牡蒿（*Artemisia japonica*）和马兰（*Kalimeris indica*）4种。

（3）温带分布类型（8－14）　温带各类型分布共有155种，占总种数的73.5%，在本区占绝对优势。

①北温带分布有25种，占总种数的11.8%，主要有皱叶酸模（*Rumex crispus*）、蚤缀（*Arenaria serpyllifolia*）、盐芥（*Thellungiella salsuginea*）、朝天委陵菜（*Potentilla supine*）、广布野豌豆（*Vicia cracca*）、乳浆大戟（*Euphorbia esula*）、野西瓜苗（*Hibiscus trionum*）、鹤虱（*Lappula myosotis*）、薄荷（*Mentha haplocalyx*）、大车前（*Plantago major*）、黄花蒿（*Artemisia annua*）、丝毛飞廉（*Carduus crispus*）、苦苣菜（*Sonchus oleraceus*）、假苇拂子茅（*Calamagrostis pseudophragmites*）、芒颖大麦草（*Hordeum jubatum*）、早熟禾（*Poa annua*）、虱子草（*Tragus berteronianus*）等。

②东亚和北美洲间断分布仅有4种，分别为窄叶蚓果芥（*Torularia humilis angustifolia*）、大花蚓果芥（*Torularia humilis grandiflora*）、月见草（*Oenothera biennis*）和鸭拓草（*Commelina communis*），占1.9%。

③旧大陆温带分布有18种，占8.5%，主要有两栖蓼（*Polygonum amphibium*）、刺藜（*Chenopodium aristatum*）、菊叶香藜（*Chenopodium foetidum*）、芝麻菜（*Eruca sativa*）、垂果大蒜芥（*Sisymbrium heteromallum*）、香青兰（*Dracocephalum moldavica*）、天仙子（*Hyoscyamus niger*）、猪毛蒿（*Artemisia scoparia*）、欧亚旋覆花（*Inula britannica*）、乳苣（*Mulgedium tataricum*）、鸦葱（*Scorzonera austriaca*）、芨芨草（*Achnatherum splendens*）、拂子茅（*Calamagrostis epigeios*）、止血马唐（*Digitaria ischaemum*）、画眉草（*Eragrostis pilosa*）等。

④亚洲温带分布有83种，占39.3%，是温带分布类型的主要组成部分。主要有西伯利亚蓼（*Polygonum sibiricum*）、沙蓬（*Agriophyllum squarrosum*）、雾冰藜（*Bassia dasyphylla*）、尖头叶藜（*Chenopodium acuminatum*）、毛果绳虫实（*Corispermum declinatum* var. *tylocarpum*）、猪毛菜（*Salsola collina*）、女娄菜（*Silene aprica*）、翠雀（*Delphinium grandiflorum*）、独行菜（*Lepidium apetalum*）、二裂委陵菜（*Potentilla bifurca*）、多裂委陵菜（*Potentilla multifida*）、菊叶委陵菜（*Potentilla tanacetifolia*）、三裂绣线菊（*Spiraea trilobata*）、草木樨状黄芪（*Astragalus melilotoides*）、糙叶黄芪（*Astragalus scaberrimus*）、砂珍棘豆（*Oxytropis racemosa*）、披针叶野决明（*Thermopsis lanceolata*）、歪头菜（*Vicia unijuga*）、鼠掌老鹳草（*Geranium sibiricum*）、野亚麻（*Linum stelleroides*）等。东北亚-华北分布有细杆沙蒿（*Artemisia macilenta*）和白缘蒲公英（*Taraxacum platypecidum*）2种。

⑤中亚或中亚东部至华北分布有宽苞水柏枝（*Myricaria bracteata*）、多枝柽柳（*Tamarix ramosissima*）和裂叶堇菜（*Viola dissecta*）3种。

⑥东亚分布及变型包含2种变型，共22种，占总种数的10.4%。

东亚分布仅有石竹（*Dianthus chinensis*）和委陵菜（*Potentilla chinensis*）2种。

中国-喜马拉雅分布只有牛皮消（*Cynanchum auriculatum*）1种。

中国-日本（或朝鲜）分布占总种数9%，有无翅猪毛菜（*Salsola komarovii*）、长蕊石头花（*Gypsophila oldhamiana*）、半钟铁线莲（*Clematis ochotensis*）、达乌里黄芪（*Astragalus dahuricus*）、兴安胡枝子（*Lespedeza daurica*）、南山堇菜（*Viola chaerophylloides*）、紫花地丁（*Viola philippica*）、东北堇菜（*Viola mandshurica*）、南牡蒿（*Artemisia eriopoda*）、小花鬼针草（*Bidens parviflora*）、刺儿菜（*Cirsium setosum*）、全叶马兰（*Kalimeris integrifolia*）、风毛菊（*Saussurea japonica*）、华北鸦葱（*Scorzonera albicaulis*）、野黍（*Eriochloa villosa*）、纤毛鹅观草（*Roegneria ciliaris*）、大狗尾草（*Setaria faberi*）、长芒草（*Stipa bungeana*）和穿龙薯蓣（*Dioscorea nipponica*）19种。

（4）中国特有分布及变型　包含9个变型，共计41种，占总种数的19.4%。

①中国分布有野燕麦（*Avena fatua*）、虎尾草（*Chloris virgata*）、稗（*Echinochloa crusgalli*）和无芒稗（*Echinochloa crusgalli* var. *mitis*）4种。

②东北-华北分布有软毛虫实（*Corispermum puberulum*）、蒙古堇菜（*Viola mongolica*）、羽茅（*Achnatherum sibiricum*）和曲枝天门冬（*Asparagus trichophyllus*）4种。

③东北-华东分布有狭叶米口袋（*Gueldenstaedtia stenophylla*）和硬质早熟禾（*Poa sphondylodes*）2种。

④华北分布有黄花铁线莲（*Clematis intricata*）、芹叶铁线莲（*Clematis aethusifolia*）、米口袋（*Gueldenstaedtia multiflora*）、长叶胡枝子（*Lespedeza caraganae*）、窄膜棘豆（*Oxytropis moellendorffii*）、粘毛黄芩（*Scutellaria viscidula*）、堇色早熟禾（*Poa ianthina*）和缘毛鹅观草（*Roegneria pendulina*）8种。

⑤西北-华北-东北分布有毛叶水栒子（*Cotoneaster submultiflorus*）、美蔷薇（*Rosa bella*）、小果黄芪（*Astragalus tataricus*）、尖叶铁扫帚（*Lespedeza juncea*）、阴山胡枝子（*Lespedeza inschanica*）、柽柳（*Tamarix chinensis*）、狭苞斑种草（*Bothriospermum kusnezowii*）、并头黄芩（*Scutellaria scordifolia*）、百里香（*Thymus mongolicus*）、青杞（*Solanum septemlobum*）、角蒿（*Incarvillea sinensis*）、黑沙蒿（*Artemisia ordosica*）、刺疙瘩（*Olgaea tangutica*）和大针茅（*Stipa grandis*）14种，是中国分布类型的主要组成成分。

⑥西南-西北-华北分布有泡沙参（*Adenophora potaninii*）、狭苞紫菀（*Aster farreri*）、缢苞麻花头（*Serratula strangulata*）、多变鹅观草（*Roegneria varia*）和西北针茅变种（*Stipa sareptana* var. *krylovii*）5种。

⑦西南-江南-华北分布有粉花绣线菊光叶变种（*Spiraea japonica* var. *fortunei*）和墓头回（*Patrinia heterophylla*）2种。

⑧西南–西北、江南–华北分布仅有扁茎黄芪（*Astragalus complanatus*）1 种。

⑨华中–华北分布仅有鹅绒藤（*Cynanchum chinense*）1 种。

从复垦区野生种子植物种的分布区类型来看，主要集中在温带分布，温带特征明显，其次主要为中国分布，说明很多植物还是本土植物，地域特征明显。

（三）植物群落分类

基于植物群落 TWINSPAN 分类结果，依据《中国植被》植物群落的分类原则（吴征镒，1995），结合样方调查的实际情况及群落特征，将其划分为 7 个森林群落和 12 个草本植物群落。

1. 森林群落分类结果

（1）榆树+乌柳–硬质早熟禾群丛（Ass. *Ulmus pumila* + *Salix cheilophila* – *Poa sphondylodes*） 包含样方 16、17、18、19、20、21、22、23、24，分布于复垦区西排土场平台，海拔 1460m。枯枝落叶层厚度 2cm，群落总盖度约 95%。

乔木层平均盖度 40%。建群种榆树平均高 4.5m，盖度 20%；乌柳平均高 5m，盖度为 20%。

草本层平均盖度 90%。优势种硬质早熟禾盖度为 70%，平均高 0.6m。伴生种有糙隐子草，平均高 0.25m，盖度 20%；兴安胡枝子，平均高 0.2m，盖度 10%。其他还有阿尔泰狗娃花，盖度 5%；花苜蓿，盖度 5%；女娄菜、窄叶小苦荬、平车前、细杆沙蒿、风毛菊等，盖度均<5%。

（2）榆树+青杆–硬质早熟禾+兴安胡枝子群丛（Ass. *Ulmus pumila* + *Picea wilsonii* – *Poa sphondylodes* + *Lespedeza daurica*） 包含样方 13、14、15，分布于复垦区西排土场平台，海拔 1460m。枯枝落叶层厚度 1cm，群落总盖度约为 90%。

乔木层平均盖度 35%。建群种榆树平均高 4.3m，盖度 20%；青杆平均高 3m，盖度 15%。

草本层平均盖度 80%。优势种硬质早熟禾，平均高 0.5m，盖度 50%；兴安胡枝子，平均高 0.25m，盖度 30%。伴生种有糙隐子草，平均高 0.2m，盖度 10%；纤毛鹅观草，平均高 0.4m，盖度 5%。此外还有大针茅、火绒草、小花鬼针草、早开堇菜、香青兰等，盖度均<5%。

（3）青杆+白杆+油松–糙隐子草+披碱草群丛（Ass. *Picea wilsonii* + *Picea meyeri* + *Pinus tabulaeformis* – *Cleistogenes squarrosa* + *Elymus dahuricus*） 包含样方 10、11、

12，分布于复垦区西排土场平台，海拔 1460m。枯枝落叶层厚度 0.5cm，群落总盖度约为 80%。

乔木层平均盖度 60%。建群种青杆平均高 4m，盖度 15%；白杆平均高 4.7m，盖度 20%；油松平均高 4.5m，盖度 25%。

草本层平均盖度 60%。优势种糙隐子草，平均高 0.15m，盖度 40%；其次是披碱草，平均高 0.4m，盖度 20%。伴生种有兴安胡枝子，平均高 0.2m，艾平均高 0.4m，硬质早熟禾高 0.5m，盖度均为 5%；其他还有角蒿、无芒雀麦、猪毛蒿、委陵菜等，盖度均<5%。

（4）刺槐+油松–西北针茅群丛（Ass. *Robinia pseudoacacia* + *Pinus tabulaeformis* – *Stipa sareptana*） 包含样方 4、5、6，分布于复垦区南排土场斜坡，海拔 1380～1420m。枯枝落叶层厚度 2cm，群落总盖度约 95%。

乔木层平均盖度 80%。建群种刺槐平均高 8m，盖度 45%；油松平均高 5m，盖度 40%。伴生种有榆树，平均高 3.3m，盖度 5%。

草本层平均盖度 30%。优势种西北针茅平均高度 0.2m，盖度 25%。伴生种有披碱草、无芒雀麦，盖度均为 5%，其他还有地梢瓜、狭苞斑种草、牻牛儿苗、垂果大蒜芥等，盖度均<5%。

（5）刺槐–披碱草+长芒草群丛（Ass. *Robinia pseudoacacia* – *Elymus dahuricus* + *Stipa bungeana*） 包含样方 7、8、9，分布于复垦区南排土场平台，海拔 1450m。枯枝落叶层厚度 3cm，群落总盖度约 95%。

乔木层平均盖度 70%。建群种刺槐平均高 5m，盖度 70%。

草本层平均盖度 80%。优势种披碱草，平均高 0.5m，盖度 50%；长芒草平均高 0.4m，盖度 30%。伴生种扁穗冰草，平均高 0.4m，盖度 5%。其他还有草地风毛菊、白莲蒿、猪毛菜、大籽蒿等，盖度均<5%。

（6）刺槐+榆树+臭椿–草地风毛菊群丛（Ass. *Robinia pseudoacacia* + *Ulmus pumila* + *Ailanthus altissima* – *Saussurea amara*） 包含样方 1、2、3，分布于复垦区南排土场平台，海拔 1380m。枯枝落叶层厚度 4cm，群落总盖度约 85%。

乔木层平均盖度 75%。建群种刺槐平均高 5.5m，盖度 40%；榆树平均高 4m，盖度 25%；臭椿平均高 3.8m，盖度 10%。

草本层平均盖度 70%。优势种草地风毛菊，平均高 0.3m，盖度 60%。伴生种大籽蒿，平均高 0.25m，盖度 10%；西北针茅，平均高 0.25m，盖度 5%。其他常见种还有田旋花、黄花蒿、莳萝蒿、麻花头、鹅绒藤等，盖度均<5%。

（7）刺槐–柠条+沙棘+沙枣–黄花蒿+藜群丛（Ass. *Robinia pseudoacacia* – *Caraga-*

na korshinskii + *Hippophae rhamnoides* + *Elaeagnus angustifolia* − *Artemisia annua* + *Chenopodium album*） 包含样方 25、26、27、28、29、30、31、32、33，分布于复垦区南排土场、内排土场、西排土场扩大区，海拔 1430～1480m。枯枝落叶层厚度 1cm，群落总盖度约 95%。

乔木层平均盖度 40%。建群种刺槐，平均高度 5.5m，盖度 40%。

灌木层平均盖度 55%。优势种柠条，平均高 2m，盖度 25%；沙棘，平均高 1.8m，盖度 20%；其次是沙枣，平均高 2.1m，盖度 10%。伴生种有北沙柳，平均高度 1.8m，宁夏枸杞平均高 2m，盖度均为 5%。

草本层平均盖度 30%。优势种黄花蒿，平均高 0.5m，盖度 20%；藜平均高 0.35m，盖度 10%。伴生种有披碱草，平均高 0.4m，纤毛鹅观草平均高 0.5m，草地风毛菊，平均高 0.25m，白莲蒿平均高度 0.4m，盖度均为 5%。其他常见种狗尾草、狭叶益母草、抱茎小苦荬、鹤虱、羊草、草木樨状黄芪、茜草、黄花铁线莲的盖度均<5%。

2. 草本植物群落分类结果

（1）拂子茅群丛（Ass. *Calamagrostis epigeios*） 包含样方 1、2、17，分布于复垦区西排土场扩大区，海拔 1480m。

群落平均盖度 85%。建群种拂子茅，平均高 0.8m，盖度 70%。伴生种纤毛鹅观草，平均高 0.5m，盖度 5%；披碱草，平均高 0.4m，盖度 5%；硬质早熟禾，平均高 0.4m，盖度<5%。其他还有毛果绳虫实、猪毛菜、细杆沙蒿、紫花地丁、平车前、狗尾草、莳萝蒿、蒲公英、委陵菜、大针茅、紫苜蓿等。

（2）硬质早熟禾群丛（Ass. *Poa sphondylodes*） 包含样方 3、6、19、34、80、82、84、87、91、93、94，分布于复垦区西排土场、西排土场扩大区、内排土场，海拔 1450～1480m。

群落平均盖度 90%。建群种硬质早熟禾，平均高 0.8m，盖度 70%。伴生种斜茎黄芪，平均高 0.8m，盖度 20%；白莲蒿，平均高 0.6m，盖度 5%；兴安胡枝子，平均高 0.25m，盖度 5%。其他还有黑沙蒿、委陵菜、阿尔泰狗娃花、艾、纤毛鹅观草、平车前、砂珍棘豆、窄叶小苦荬、狭叶米口袋、火绒草等。

（3）硬质早熟禾+兴安胡枝子群丛（Ass. *Poa sphondylodes* + *Lespedeza daurica*） 包含样方 4、7、9、10、13、14、15、16，分布于复垦区西排土场扩大区，海拔 1480m。

群落平均盖度 70%。建群种硬质早熟禾，平均高 0.8m，盖度 50%；兴安胡枝子，平均高 0.2m，盖度 20%。伴生种羊草，平均高 0.5m，盖度 5%；大针茅，平均高 0.4m，盖度 5%；小红菊，平均高 0.25m，盖度<5%。其他还有早开堇菜、并头黄芩、角蒿、猪毛蒿、黑沙蒿、花苜蓿、鳞叶龙胆、窄叶小苦荬等。

（4）披碱草+兴安胡枝子+阿尔泰狗娃花群丛（Ass. *Elymus dahuricus* + *Lespedeza daurica* + *Heteropappus altaicus*） 包含样方 5、11、12、18、22、23、24、25、28、29、81、86、88、89、102，分布于复垦区西排土场、西排土场扩大区、内排土场，海拔 1450~1480m。

群落平均盖度 95%。建群种披碱草，平均高 0.7m，盖度 80%；兴安胡枝子，平均高 0.25m，盖度 30%；阿尔泰狗娃花，平均高 0.3m，盖度 10%。伴生种糙隐子草，平均高 0.4m，盖度 5%；紫花地丁，平均高 0.15m，盖度<5%；车前，平均高 0.15m，盖度<5%。其他还有委陵菜、猪毛蒿、细杆沙蒿、纤毛鹅观草、硬质早熟禾、地梢瓜、紫苜蓿等。

（5）硬质早熟禾+白花草木樨+糙隐子草群丛（Ass. *Poa sphondylodes* + *Melilotus albus* + *Cleistogenes squarrosa*） 包含样方 8、21、30、32、33、92、95、96、97、98、100、101，分布于复垦区西排土场、内排土场，海拔 1450~1460m。

群落平均盖度 90%。建群种硬质早熟禾，平均高 0.6m，盖度 60%；白花草木樨，平均高 0.8m，盖度 30%；糙隐子草，平均高 0.3m，盖度 20%。伴生种黑沙蒿，平均高 0.5m，盖度 5%；斜茎黄芪，平均高 0.6m，盖度<5%。其他还有阿尔泰狗娃花、乳苣、艾、藜、鹅绒藤、风毛菊、狗尾草、兴安胡枝子、鳞叶龙胆、大针茅等。

（6）披碱草群丛（Ass. *Elymus dahuricus*） 包含样方 24、27、31、36、71、99、114，分布于复垦区南排土场与西排土场，海拔 1380~1460m。

群落平均盖度 80%。建群种披碱草，平均高 0.5m，盖度 70%。伴生种硬质早熟禾，平均高 0.4m，盖度 5%；西北针茅，平均高 0.25m，盖度 5%；黄花铁线莲，平均高 0.8m，盖度 5%。其他还有风毛菊、阿尔泰狗娃花、黄花蒿、鹅绒藤、狭叶米口袋、小花鬼针草、女娄菜、田旋花等。

（7）阴山胡枝子群丛（Ass. *Lespedeza inschanica*） 包含样方 29、53、83、85、90，分布于复垦区西排土场，海拔 1460m。

群落平均盖度 70%。建群种阴山胡枝子，平均高 0.4m，盖度 50%。伴生种长叶胡枝子，平均高 0.4m，盖度 5%；草木樨，平均高 0.5m，盖度 10%；大籽蒿，平均高 0.15m，盖度 5%。其他还有并头黄芩、草木樨状黄芪、狭叶米口袋、小红菊、莳萝蒿、黄花蒿、猪毛蒿、花苜蓿、糙隐子草、平车前、地梢瓜等。

（8）大籽蒿+草地风毛菊群丛（Ass. *Artemisia sieversiana* + *Saussurea amara*）包含样方35、37、43、44、45、46、48、57、62、63、65、66，分布于复垦区南排土场，海拔1360~1380m。

群落平均盖度80%。建群种大籽蒿，平均高0.4m，盖度60%；草地风毛菊，平均高0.3m，盖度20%。伴生种香青兰，平均高0.35m，盖度5%；黄花蒿，平均高0.4m，盖度5%；长芒草，平均高0.25m，盖度5%。其他还有纤毛鹅观草、花苜蓿、阿尔泰狗娃花、糙隐子草、田旋花、狭叶益母草、猪毛蒿、裂叶堇菜等。

（9）西北针茅+细叶益母草群丛（Ass. *Stipa sareptana* + *Leonurus sibiricus*）包含样方47、69、70、72、73、74、75、77，分布于复垦区南排土场，海拔1450m。

群落平均盖度75%。建群种西北针茅，平均高0.4m，盖度50%；细叶益母草，平均高0.5m，盖度30%。伴生种披碱草，平均高0.4m，盖度5%；阿尔泰狗娃花，平均高0.3m，盖度5%。其他还有扁穗冰草、女娄菜、鹅绒藤、白莲蒿、艾、早开堇菜、蒲公英、羊草、苠草等。

（10）大籽蒿+细叶益母草群丛（Ass. *Artemisia sieversiana* + *Leonurus sibiricus*）包含样方50、58、76，分布于复垦区南排土场，海拔1380m。

群落平均盖度85%。建群种大籽蒿，平均高0.3m，盖度60%；细叶益母草，平均高0.4m，盖度30%。伴生种草地风毛菊，平均高0.2m，盖度5%；裂叶堇菜，平均高0.15m，盖度<5%。其他还有牻牛儿苗、地梢瓜、莳萝蒿、平车前、猪毛菜、香青兰等。

（11）无芒雀麦群丛（Ass. *Bromus inermis*）包含样方42、49、61、64，分布于复垦区南排土场，海拔1380m。

群落平均盖度90%。建群种无芒雀麦，平均高0.4m，盖度85%。伴生种纤毛鹅观草，平均高0.4m，盖度5%。其他还有黄花蒿、狭叶米口袋、阿尔泰狗娃花、长芒草、南山堇菜、猪毛蒿、莳萝蒿、小花鬼针草等。

（12）大籽蒿群丛（Ass. *Artemisia sieversiana*）包含样方55、59、38、51、67、40、54、39、41、52、68、36、56、60，分布于复垦区南排土场，海拔1360~1380m。

群落平均盖度80%。建群种大籽蒿，平均高0.7m，盖度75%。伴生种黄花蒿，平均高0.6m，盖度5%。其他还有猪毛蒿、莳萝蒿、阿尔泰狗娃花、草地风毛菊、窄叶小苦荬、长芒草、田旋花、女娄菜、蒲公英等。

（四）植物群落排序

复垦区森林群落和草本植物群落 DCA 前两个排序轴的排序结果分别见图 3－2～图 3－5。

1. 森林群落排序结果

（1）森林样方 DCA 排序　森林样方排序结果见图 3－2。由图 3－2 可见，随着某一生态因子的梯度变化，样方沿着排序轴呈现有规律的变化。第一排序轴（横轴）反映了水分梯度变化，从左到右，森林群落建群种需水量越来越大，样方乔木盖度越来越小，建群种生长状况逐渐变差。如分布在排序轴最左端的样方 S25、S9、S6、S3 等均为刺槐群落，其抗旱性较好；最右端样方 S22、S23、S24 为乌柳群落，其对水分需求较多，生长状况较差。第二排序轴（纵轴）反映了海拔梯度的变化规律，由下往上，随着海拔升高，群落类型主要由阔叶林渐变为针阔混交林、针叶林。如位于排序轴最下方的样方均为刺槐群落，而位于排序轴中间的样方为刺槐+油松群落（S4、S5、S6），最顶端的为青杆+白杆+油松群落（S10、S11、S12）。

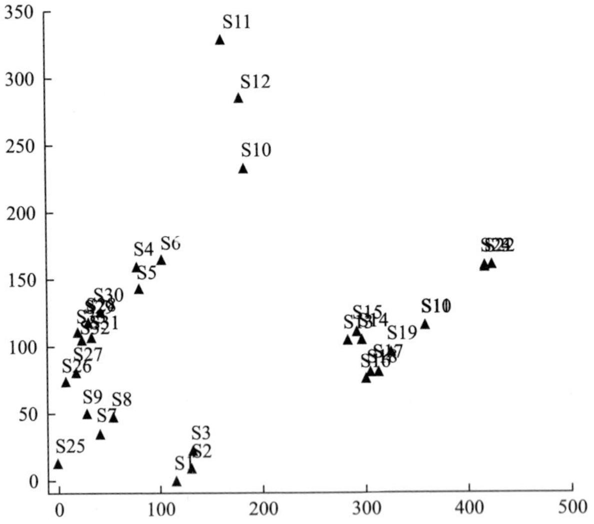

图 3－2　森林群落 33 个样方的 DCA 二维排序图

（2）森林优势种 DCA 排序　森林群落优势种（表 3－3）排序结果见图 3－3。由图 3－3 可以看出，第一排序轴（横轴）主要反映水分变化趋势，即从左至右，植物对水分的需求逐渐增加。如位于排序轴最左方的北沙柳（sp5）、沙棘（sp9）、沙枣（sp10）与柠条（sp11），它们喜光、耐旱、抗寒力强；而位于排序轴最右方的乌柳（sp4）、花苜蓿（sp24）等对水分需求较大。第二排序轴（纵轴）主要反映了海拔变化趋势，植物物种随海拔梯度变化，由下至上，海拔越来越高。如排序轴最下端的西北针茅（sp67）、臭椿（sp8）和麻花头（sp55），它们主要分布在排土场海拔 1380m 的平台。而最上端的艾（sp41）和白杆（sp2）生长在排土场海拔 1460m 的平台。

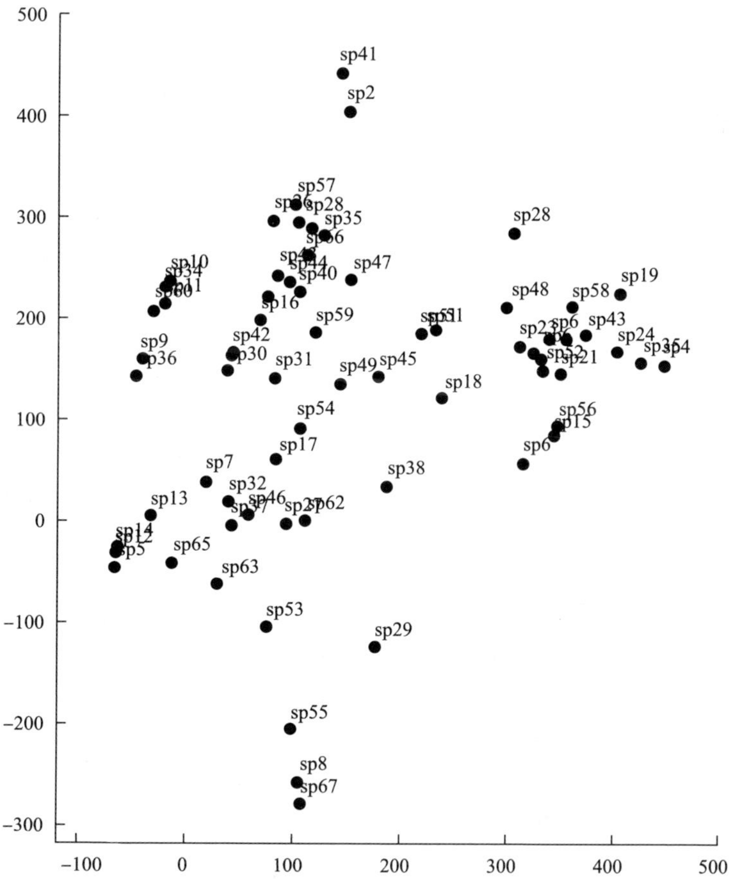

图 3－3　森林群落 67 个优势种 DCA 二维排序图

表 3-3　森林群落 67 个优势种

序号	种名	序号	种名
1	青杆（*Picea wilsonii*）	35	香青兰（*Dracocephalum moldavica*）
2	白杆（*Picea meyeri*）	36	细叶益母草（*Leonurus sibiricus*）
3	油松（*Pinus tabulaeformis*）	37	角蒿（*Incarvillea sinensis*）
4	乌柳（*Salix cheilophila*）	38	平车前（*Plantago depressa*）
5	北沙柳（*Salix psammophila*）	39	茜草（*Rubia cordifolia*）
6	榆树（*Ulmus pumila*）	40	莳萝蒿（*Artemisia anethoides*）
7	刺槐（*Robinia pseudoacacia*）	41	艾（*Artemisia argyi*）
8	臭椿（*Ailanthus altissima*）	42	黄花蒿（*Artemisia annua*）
9	沙棘（*Hippophae rhamnoides*）	43	细杆沙蒿（*Artemisia macilenta*）
10	沙枣（*Elaeagnus angustifolia*）	44	白莲蒿（*Artemisia sacrorum*）
11	柠条（*Caragana korshinskii*）	45	猪毛蒿（*Artemisia scoparia*）
12	宁夏枸杞（*Lycium barbarum*）	46	大籽蒿（*Artemisia sieversiana*）
13	藜（*Chenopodium album*）	47	小花鬼针草（*Bidens parviflora*）
14	猪毛菜（*Salsola collina*）	48	小红菊（*Dendranthema chanetii*）
15	女娄菜（*Silene aprica*）	49	阿尔泰狗娃花（*Heteropappus altaicus*）
16	黄花铁线莲（*Clematis intricata*）	50	窄叶小苦荬（*Ixeridium gramineum*）
17	垂果大蒜芥（*Sisymbrium heteromallum*）	51	抱茎小苦荬（*Ixeridium sonchifolium*）
18	委陵菜（*Potentilla chinensis*）	52	火绒草（*Leontopodium leontopodioides*）
19	斜茎黄芪（*Astragalus adsurgens*）	53	草地风毛菊（*Saussurea amara*）
20	草木樨状黄芪（*Astragalus melilotoides*）	54	风毛菊（*Saussurea japonica*）
21	狭叶米口袋（*Gueldenstaedtia stenophylla*）	55	麻花头（*Serratula centauroides*）
22	兴安胡枝子（*Lespedeza daurica*）	56	蒲公英（*Taraxacum mongolicum*）
23	紫苜蓿（*Medicago sativa*）	57	无芒雀麦（*Bromus inermis*）
24	花苜蓿（*Melissitus ruthenicus*）	58	糙隐子草（*Cleistogenes squarrosa*）
25	砂珍棘豆（*Oxytropis racemosa*）	59	披碱草（*Elymus dahuricus*）
26	牻牛儿苗（*Erodium stephanianum*）	60	羊草（*Leymus chinensis*）
27	裂叶堇菜（*Viola dissecta*）	61	硬质早熟禾（*Poa sphondylodes*）
28	紫花地丁（*Viola philippica*）	62	纤毛鹅观草（*Roegneria ciliaris*）
29	早开堇菜（*Viola prionantha*）	63	扁穗冰草（*Agropyron cristatum*）
30	鹅绒藤（*Cynanchum chinense*）	64	狗尾草（*Setaria viridis*）
31	地梢瓜（*Cynanchum thesioides*）	65	长芒草（*Stipa bungeana*）
32	田旋花（*Convolvulus arvensis*）	66	大针茅（*Stipa grandis*）
33	狭苞斑种草（*Bothriospermum kusnezowii*）	67	西北针茅（*Stipa sareptana*）
34	鹤虱（*Lappula myosotis*）		

2. 草本植物群落排序结果

（1）草本植物群落样方DCA排序　草本植物群落样方排序（图3-4）结果表明，第一排序轴（横轴）主要反映海拔的变化，从左到右，海拔逐渐降低。最左端的主要为硬质早熟禾与拂子茅草本植物群落（S8、S14、S15、S98），生长于海拔1460~1480m的排土场顶端，向右出现披碱草群落（S67、S70、S71），大多数分布于排土场1450m平台。右端为大籽蒿群落（S41、S42、S43、S46），位于海拔1360~1420m平台，最右端为无芒雀麦群落，分布于1380m平台（S61、S49）。硬质早熟禾、拂子茅与披碱草具有耐寒抗旱的生物学特点，因此多生长于较高海拔的排土场。大籽蒿、无芒雀麦则喜欢生长于土壤较湿润温暖的低海拔排土场。第二排序轴（纵轴）反映土壤水分的变化，从下至上，样地土壤水分逐渐增加。下端样地（S4、S13、S14、S15）主要以耐寒抗旱的禾本科植物为优势种，上端样地（S26、S67、S83、S85）多以需水较多的豆科、菊科为优势种的群落。

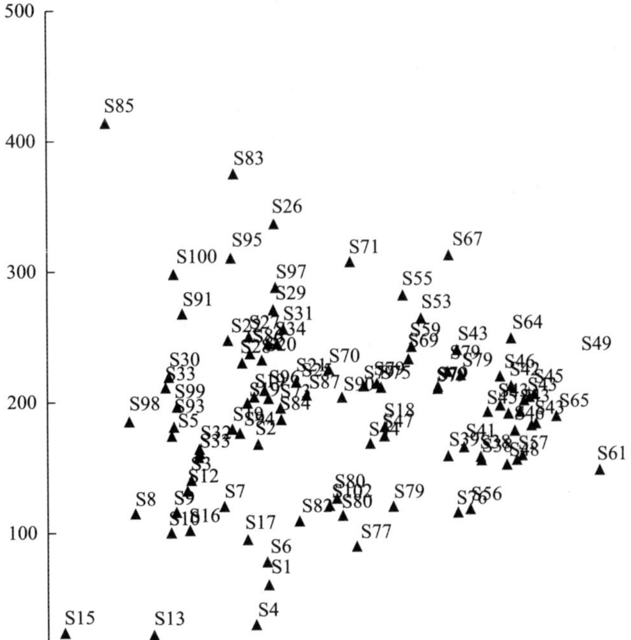

图3-4　草本植物群落102个样方的DCA二维排序图

（2）草本植物群落优势种 DCA 排序　草本植物群落优势种（表 3－4）排序结果见图 3－5。由图 3－5 可以看出：第一排序轴（横轴）反映了海拔的变化。沿着第一排序轴从左到右，海拔逐渐降低。如最左端的鳞叶龙胆（sp23）、火绒草（sp44）、黑沙蒿（sp36）和毛果绳虫实（sp2）等多分布于复垦区、高海拔地区，具有耐寒的特性。而最右端的无芒雀麦（sp49）、鹅绒藤（sp24）、田旋花（sp26）等物种多分布于复垦区低海拔的排土场平台与边坡。第二排序轴（纵轴）反映了土壤水分条件的变化，由下至上，随着土壤水分的增加，植物由旱中生植物逐渐过渡到中生植物。如最下端的毛果绳虫实（sp2）、大针茅（sp60）、羊草（sp53）等，它们耐干旱、对土壤水分要求不高，耐瘠薄，常生于平原、丘陵的路旁或草地。最上端的长叶胡枝子（sp10）、南山堇菜（sp19）和乳苣（sp45）等，主要分布于海拔较高、水分条件良好的土壤，常见于河岸、路边、田野及林缘。

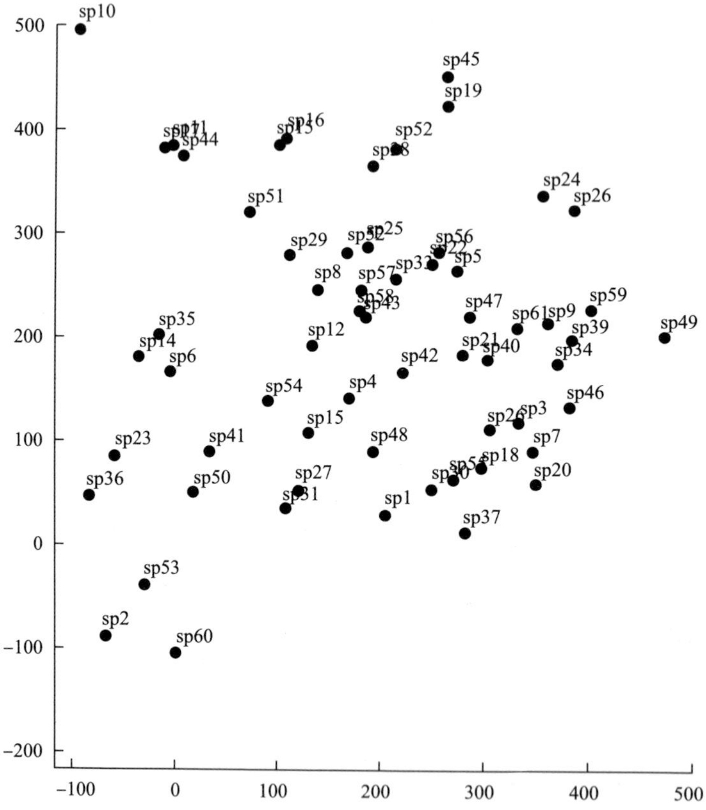

图 3－5　草本植物群落 61 个优势种的 DCA 二维排序图

表 3－4 草本植物群落 61 个优势种

序号	种名	序号	种名
1	藜（*Chenopodium album*）	32	莳萝蒿（*Artemisia anethoides*）
2	毛果绳虫实（变种）（*Corispermum declinatum* var. *tylocarpum*）	33	艾（*Artemisia argyi*）
3	猪毛菜（*Salsola collina*）	34	黄花蒿（*Artemisia annua*）
4	女娄菜（*Silene aprica*）	35	细杆沙蒿（*Artemisia macilenta*）
5	黄花铁线莲（*Clematis intricata*）	36	黑沙蒿（*Artemisia ordosica*）
6	委陵菜（*Potentilla chinensis*）	37	白莲蒿（*Artemisia sacrorum*）
7	斜茎黄芪（*Astragalus adsurgens*）	38	猪毛蒿（*Artemisia scoparia*）
8	草木樨状黄芪（*Astragalus melilotoides*）	39	大籽蒿（*Artemisia sieversiana*）
9	狭叶米口袋（*Gueldenstaedtia stenophylla*）	40	小花鬼针草（*Bidens parviflora*）
10	长叶胡枝子（*Lespedeza caraganae*）	41	小红菊（*Dendranthema chanetii*）
11	阴山胡枝子（*Lespedeza inschanica*）	42	阿尔泰狗娃花（*Heteropappus altaicus*）
12	兴安胡枝子（*Lespedeza daurica*）	43	窄叶小苦荬（*Ixeridium gramineum*）
13	紫苜蓿（*Medicago sativa*）	44	火绒草（*Leontopodium leontopodioides*）
14	白花草木樨（*Melilotus albus*）	45	乳苣（*Mulgedium tataricum*）
15	草木樨（*Melilotus officinalis*）	46	草地风毛菊（*Saussurea amara*）
16	花苜蓿（*Melissitus ruthenicus*）	47	风毛菊（*Saussurea japonica*）
17	砂珍棘豆（*Oxytropis racemosa*）	48	蒲公英（*Taraxacum mongolicum*）
18	牻牛儿苗（*Erodium stephanianum*）	49	无芒雀麦（*Bromus inermis*）
19	南山堇菜（*Viola chaerophylloides*）	50	拂子茅（*Calamagrostis epigeios*）
20	裂叶堇菜（*Viola dissecta*）	51	糙隐子草（*Cleistogenes squarrosa*）
21	紫花地丁（*Viola philippica*）	52	披碱草（*Elymus dahuricus*）
22	早开堇菜（*Viola prionantha*）	53	羊草（*Leymus chinensis*）
23	鳞叶龙胆（*Gentiana squarrosa*）	54	硬质早熟禾（*Poa sphondylodes*）
24	鹅绒藤（*Cynanchum chinense*）	55	纤毛鹅观草（*Roegneria ciliaris*）
25	地梢瓜（*Cynanchum thesioides*）	56	扁穗冰草（*Agropyron cristatum*）
26	田旋花（*Convolvulus arvensis*）	57	狗尾草（*Setaria viridis*）
27	香青兰（*Dracocephalum moldavica*）	58	荩草（*Arthraxon hispidus*）
28	细叶益母草（*Leonurus sibiricus*）	59	长芒草（*Stipa bungeana*）
29	并头黄芩（*Scutellaria scordifolia*）	60	大针茅（*Stipa grandis*）
30	角蒿（*Incarvillea sinensis*）	61	西北针茅（*Stipa sareptana*）
31	平车前（*Plantago depressa*）		

四、讨论

安太堡露天煤矿所在区域原生植被稀疏，常见以狼毒、百里香为代表的典型干草原植被，复垦区经过人工种植与管护，其植物物种逐渐丰富，远远超过原生植物种类。由于气候条件的限制，侵入植物绝大多数为草本，禾本科植物作为先锋植物首先成为复垦区的优势物种，这与禾本科植物耐旱耐瘠薄的生物学特性有关；其次为豆科与菊科植物（岳建英等，2016），这些植物对土壤养分条件要求低，适应性强。随着鹅绒藤、田旋花、南山堇菜、小红菊、细叶韭、曲枝天门冬等中生植物的出现，植物群落结构逐渐趋于复杂，土壤养分条件得以改善，表明植物群落改变了复垦区内的生态环境。

从种子植物地理成分组成来看，安太堡露天煤矿复垦区野生种子植物种的成分主要为温带分布类型，表明该区大多数植物为当地的适生种。通过对不同植物群落的调查与分析，可以看出乔木模式在初期经过人工管护，稳定生长后，草本植物不断侵入到林下，随着时间的推移，逐渐形成了乔灌草多层次的森林群落。乔灌模式在前期表现出良好的生长势头，但由于沙棘与柠条都是根蘖繁殖植物，随着种群密度增加，乔灌林密不透风，病虫害严重，沙棘大面积死亡，柠条和沙枣也部分死亡。草本模式在自然演替中，由最初单一物种逐渐形成多物种的复杂草本植物群落，大量侵入草本成为了优势种，使草本植物群落趋于稳定。TWINSPAN 分类结果表明该区植物群落类型较少，森林群落仍然以最初种植的乔木为建群种，草本植物群落建群种已与当初种植模式大不相同，几乎全部为野生物种，主要为禾本科、豆科与菊科等植物。从 DCA 排序结果来看，决定森林群落与草本植物群落分布的主要环境因素是土壤水分与海拔，这与大多数研究结果一致（李霖和李素清，2019；董倩和李素清，2018；李旭华，2014）。

五、结论

安太堡露天煤矿复垦区植物物种组成较为丰富，共有 250 种（含种下等级），隶属于 42 科 149 属。禾本科、菊科与豆科为优势科，属的组成优势现象不明显。植物生活型组成相对简单，以草本为主，其次为乔木、灌木，草质藤本植物最少。种子植物科的分布区类型主要为世界分布，属的分布区类型温带成分最多，充分说明本区植物区系具有明显的温带特征。

依据 TWINSPAN 分类结果，复垦区植物群落可划分为 7 个森林群落和 12 个草本植物群落。与自然群落相比，复垦区植物群落类型较少；与最初种植模式相比，森林群落结构变化不明显，草本植物群落结构变化显著。DCA 排序结果表明，森林群落与草本植物群落均为沿土壤水分与海拔梯度分布，土壤水分与海拔是影响复垦区植物群落分布的主要环境因子。

第四章

人工林群落特征

一、引言

林分结构是对森林植物群落动态变化过程中实时林分状态的高度概括和度量，是对林分更新方式、竞争、自然稀疏和所受干扰活动的综合反映，是分析森林植物群落的重要因子。林分结构因子通常包括树种、树龄、树高、胸径等，林分结构越合理，森林功能越强，森林群落也就越稳定。因此，研究林分结构有助于了解森林的发展历史、功能和生态系统的演替规律。生物多样性在维持生态系统平衡和功能正常发挥中扮演着至关重要的角色。物种多样性是生物多样性主要的结构和功能单位之一，用于反映群落物种丰富度、优势度和均匀度（铁军等，2015），从而对群落的结构特征、稳定性、演替状况、生境的差异等做出定量判断，分析群落与自然环境的相互关系。物种多样性的研究对于了解森林植物群落的结构与功能有着重要意义（Kvalseth，1991）。

安太堡露天煤矿复垦区人工林群落比较简单，乔木建群种为人工种植的树种，林中更新幼苗主要为建群种。林下草本植物为人工林的先锋植物，其适应力强，生态位宽。一年生耐旱耐寒草本首先侵入，随着生态环境的逐步改善，一些中生多年生草本植物也逐渐在人工林定居。草本植物物种多样性是影响和决定复垦区人工林群落结构与功能的重要因素之一，同时也影响着人工林群落组成和土壤基质及其养分库的稳定。因此，本章选择安太堡露天煤矿复垦区人工林为长期定点观测样地，开展林分结构与草本植物物种多样性的年际调查与监测，同时采集人工林土壤样品进行理化指标测定。通过分析人工林乔木生长趋势、草本植物物种多样性的变化规律及环境因素对人工林群落结构的影响，探讨人工林发育及演替阶段，为矿区生态修复研究提供科学数据。

二、研究方法

（一）样地设置

选择复垦区典型人工林作为长期定点观测样地（表 4－1），每块样地面积 0. 5hm^2，采用全站仪将样地测设为 50 个样方（10m×10m），每个样方再划分为 4 个小样方（5m×5m），在每个小样方左下角划分出 1 个草本样方（1m×1m）。记录各人工林样地植被种植模式、种植时间、海拔、地形、立地条件等。

表 4－1　人工林样地基本概况

样地	种植模式	种植时间/年	地形	海拔/m	立地条件
S1	刺槐+油松	1992	斜坡	1360	土石混排
S2	刺槐+榆树+臭椿	1992	平台	1380	土石混排
S3	刺槐+油松	1992	斜坡	1380～1460	土石混排
S4	刺槐纯林	1994	平台	1420	土石混排
S5	青杆+白杆+油松	1994	平台	1460	表层覆土
S6	榆树+乌柳	1994	平台	1460	表层覆土

（二）样方调查

2010 年与 2015 年分别对每块样地 50 个样方内所有活立木（包括幼苗）进行调查，记录物种名称、胸径（DBH）、地径（DGH）、树高（TH）、冠幅、盖度等。2010—2015 年对每块样地 200 个草本样方内的草本植物进行逐年调查，记录其物种名称、多度、平均高度、盖度、物候期、生活力。

（三）林分结构划分

根据胸径（DBH）的大小，将所有乔木划分为 4 个发育阶段（吴联杯等，2018）：①幼苗，DBH<2cm；②幼树，2cm≤DBH<7cm；③中树，7cm≤DBH<20cm；④大树，DBH≥20cm。根据地径与树高（Frost and Rydin，1992）的大小将幼苗划分为 8 级，划分标准如下（表 4－2）。

表 4－2　幼苗地径级、树高级等级划分标准

等级划分	地径（DGH）/cm	树高（TH）/m
Ⅰ	0<DGH<1	TH≤0. 33
Ⅱ	1≤DGH<2	0. 33<TH≤1. 00
Ⅲ	2≤DGH<3	1. 00<TH≤2. 00
Ⅳ	3≤DGH<4	2. 00<TH≤3. 00
Ⅴ	4≤DGH<5	3. 00<TH≤4. 00
Ⅵ	5≤DGH<6	4. 00<TH≤5. 00
Ⅶ	6≤DGH<7	5. 00<TH≤6. 00
Ⅷ	7≤DGH	6. 00<TH 且 DBH<2cm

（四）物种多样性指数

依据式（4－1）计算物种多样性各指标：

$$重要值（IV）计算：IV_{草}=（相对盖度+相对高度）/2 \tag{4-1}$$

Patrick 丰富度指数：

$$R_0 = S \tag{4-2}$$

Simpson 多样性指数：

$$\lambda = 1 - \sum_{i=1}^{S}\left(\frac{N_i}{N}\right)^2 \tag{4-3}$$

Shannon－Wiener 多样性指数：

$$H' = -\sum_{i=1}^{S}\frac{N_i}{N}\ln\left(\frac{N_i}{N}\right) \tag{4-4}$$

Pielou 均匀度指数：

$$E = H'/\ln S \tag{4-5}$$

式中　S——每一样方中的物种总种数

N——S个物种的全部重要值之和

N_i——第 i 个种的重要值。

样地优势种根据种的重要值大小确定，重要值之和大于样方中所有种的重要值总和的 50% 的种为优势种（李旭华，2014）。

（五）环境因子的测定

采集每块样地 0~20cm 土层样品 1kg，土样自然风干后去除植物根茎，过 40 目筛备用。土壤含水量使用烘干法（Rayment and Higgingson，1992），田间持水量和土壤容重采用环刀法，土壤 pH 采用电位法，土壤有机碳采用外热重铬酸钾容量法（Walkley and Black，1934），全氮采用凯氏法，碱解氮采用碱解扩散法，全磷和速效磷采用钼锑抗比色法（鲁如坤，2000）。降水量与气温资料从当地气象局获得。

（六）数据分析

采用 Duncan 多重比较对人工林乔木生长指标、草本植物多样性指数及土壤理化指标进行显著性分析（取显著度 0.05），采用 Pearson 相关系数分析植物群落指标与环境因子的相关关系。植物群落指标与环境因子的冗余分析（RDA）使用 CANOCO 4.5 软件完成。

三、研究结果

（一）林分结构特征

对复垦区人工林进行林分结构的分析可有效反映种群现状，预测其动态变化趋势。

1. 样地 S1 林分结构特征

样地 S1 建群种为刺槐与油松，榆树和小叶杨为伴生种，从密度看（图 4-1），样地 S1 刺槐>榆树>油松>小叶杨，乔木总密度 2015 年比 2010 年降低了 22.5%（492 株/hm^2），刺槐降低了 24.8%（386 株/hm^2），榆树降低了 22.1%（76 株/hm^2），小叶杨降低了 53.8%（28 株/hm^2），油松降低了 0.8%（2 株/hm^2）。

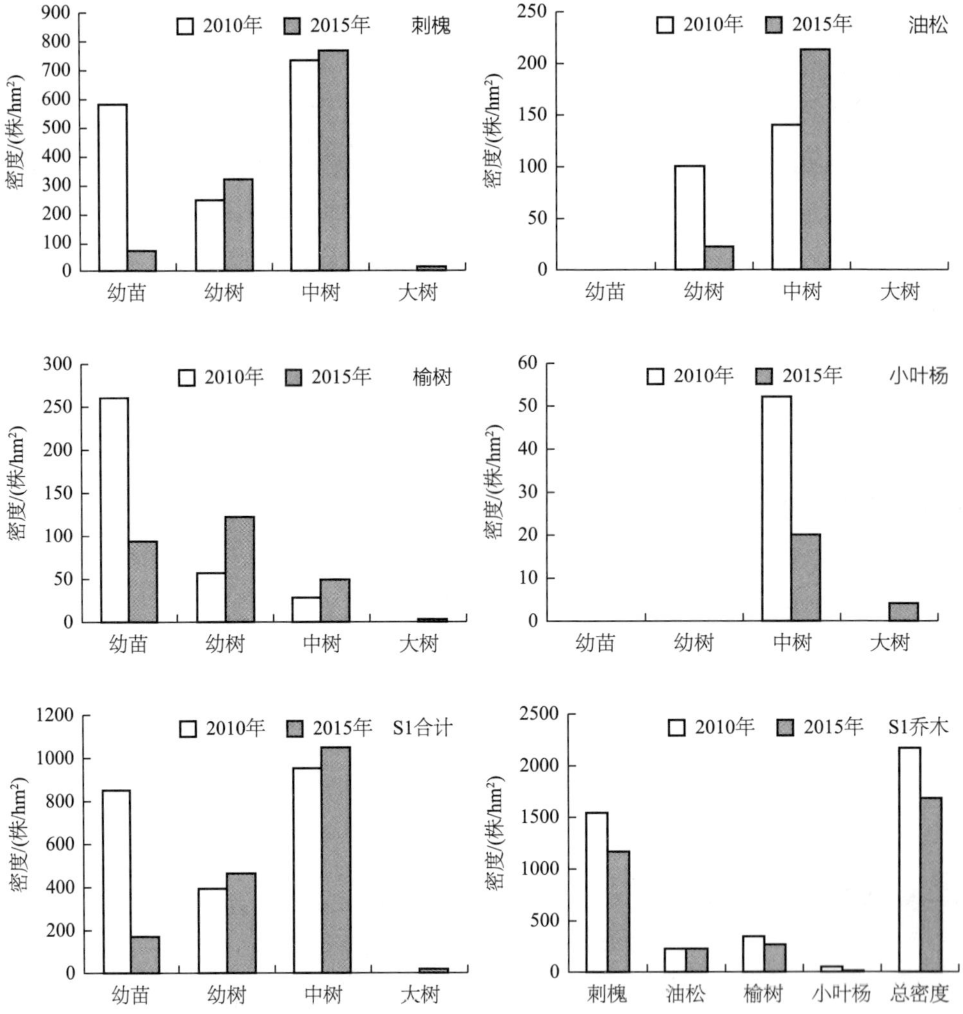

图 4-1　样地 S1 乔木发育阶段及种群密度

从发育阶段来看，2010 年样地 S1 中树>幼苗>幼树，大树为 2 株/hm^2，2015 年中树>幼树>幼苗，大树为 18 株/hm^2，幼苗密度 2015 年相较于 2010 年减少了 80.5%

（676 株/hm^2），幼树与中树分别增加了 17.7%（70 株/hm^2）和 10.3%（98 株/hm^2）。刺槐 2010 年中树>幼苗>幼树，大树为 2 株/hm^2，2015 年中树>幼树>幼苗，大树为 12 株/hm^2；幼苗密度 2015 年相较于 2010 年降低了 87.9%（508 株/hm^2），幼树、中树分别增加了 32.2%（78 株/hm^2）与 4.6%（74 株/hm^2）。油松没有幼苗也没大树，中树较多，其次为幼树；幼树密度 2015 年相较于 2010 年降低了 77.6%（76 株/hm^2），中树增加了 53.6%（74 株/hm^2）。榆树 2010 年幼苗>幼树>中树，没有大树，2015 年幼树>幼苗>中树，大树为 2 株/hm^2；幼苗密度 2015 年相较于 2010 年降低了 64.1%（168 株/hm^2），幼树、中树分别增加了 121.4%（68 株/hm^2）和 84.6%（22 株/hm^2）。小叶杨 2010 年全部为中树，2015 年中树降低了 61.5%（32 株/hm^2），大树为 4 株/hm^2。

为进一步探究林分更新结构，对林下幼苗地径与树高结构进行了分析。2010 年样地 S1 幼苗地径级分布表现为随地径级的增加其密度呈降低趋势，分布曲线呈倒“J”型，主要分布在Ⅰ~Ⅳ级，其中Ⅱ~Ⅲ级占幼苗总密度的 66.9%（图 4-2）。刺槐幼苗Ⅱ~Ⅲ级占其总密度的 73.4%，榆树幼苗Ⅰ~Ⅱ级占其总密度的 81.7%。而 2015 年幼苗地径级分布表现为随地径级的增加其密度先升高后降低趋势，呈单峰曲线分布，主要分布在Ⅱ~Ⅴ级，其中Ⅲ~Ⅳ级占幼苗总密度的 65.9%。刺槐幼苗Ⅲ~Ⅳ级占其总密度的 74.3%，榆树幼苗Ⅲ~Ⅳ级占其总密度的 59.6%。

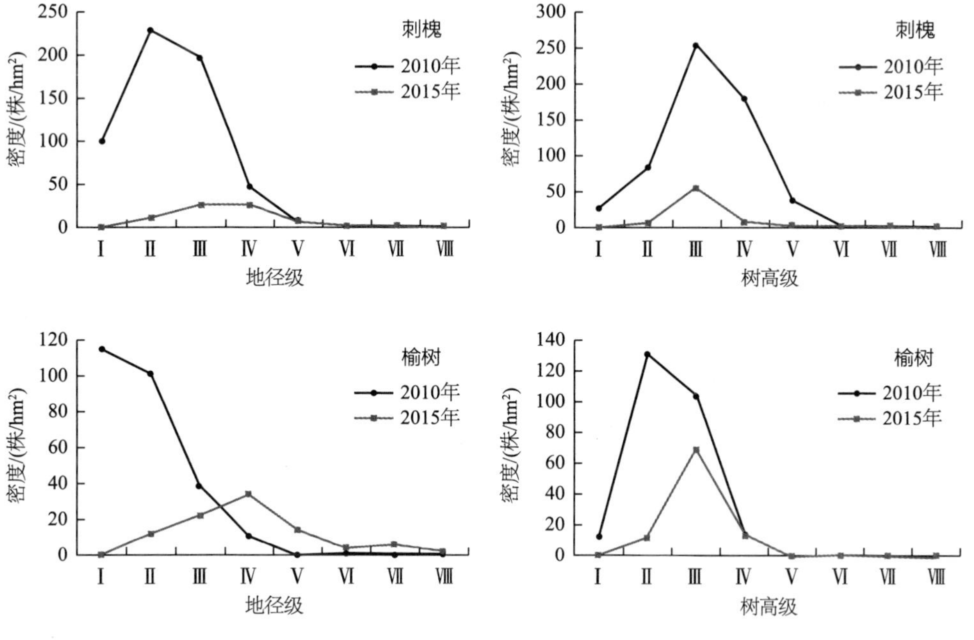

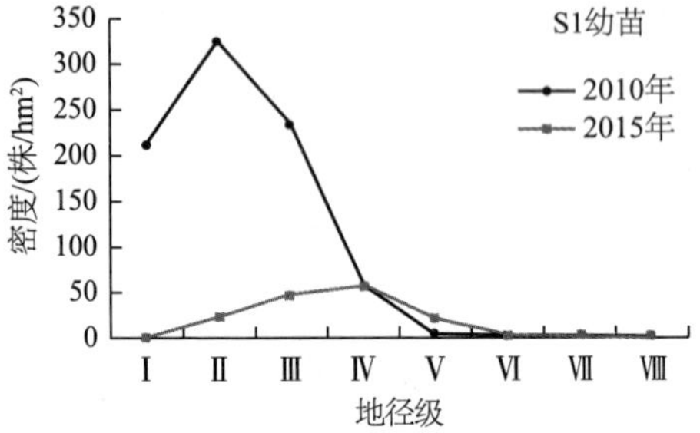

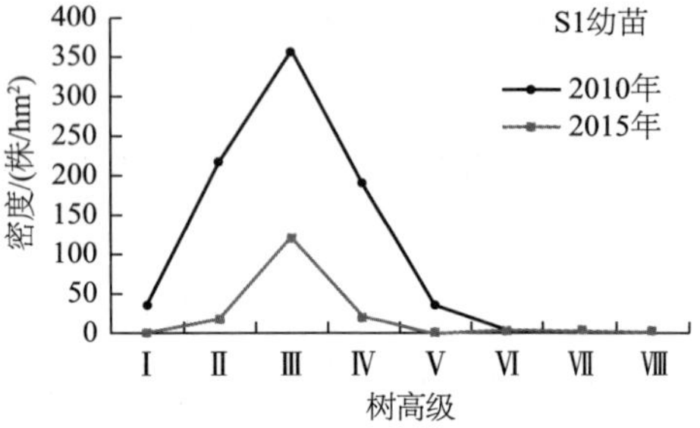

图 4－2　样地 S1 幼苗地径与树高结构

S1 样地幼苗树高级分布表现为随树高级的增加其密度先升高后降低趋势，呈单峰曲线分布，主要分布在Ⅱ～Ⅴ级，其中Ⅱ～Ⅲ级占幼苗总密度的 68.1%（2010 年），Ⅲ～Ⅳ级占幼苗总密度的 87.8%（2015 年）。刺槐幼苗Ⅲ～Ⅳ级占其总密度的 74.4%（2010 年）与 88.6%（2015 年），榆树幼苗Ⅱ～Ⅲ级占其总密度的 90.1%（2010 年），Ⅲ～Ⅳ级占其总密度的 87.2%（2015 年）。

2. 样地 S2 林分结构特征

样地 S2 建群种为刺槐、臭椿和榆树。从密度看（图 4－3），样地 S2 刺槐>榆树>臭椿，乔木总密度 2015 年比 2010 年降低 24.9%（994 株/hm²），刺槐降低 25.4%（490 株/hm²），臭椿降低 37.3%（296 株/hm²），榆树降低 16.3%（208 株/hm²）。

从发育阶段来看，2010 年样地 S2 幼苗>中树>幼树，没有大树，2015 年幼树>中树>幼苗，大树为 6 株/hm²，幼苗密度 2015 年相较于 2010 年降低 75.4%（1826 株/hm²），幼树与中树分别增加 94.8%（728 株/hm²）和 12.1%（98 株/hm²）。刺槐 2010 年中树=幼苗>幼树，没有大树，2015 年中树>幼树>幼苗，大树为 4 株/hm²；幼苗密度 2015 年相较于 2010 年降低了 77.9%（580 株/hm²），幼树、中树分别增加 12.7%（52 株/hm²）与 4.4%（34 株/hm²）。臭椿没有大树，2010 年幼苗>幼树>中树，2015 年幼树>幼苗>中树；幼苗密度 2015 年相较于 2010 年降低 62.9%（326 株/hm²），幼树、中树分别增加 9.8%（26 株/hm²）与 40%（4 株/hm²）。榆树没有大树，2010 年幼苗>幼树>中树，2015 年幼树>幼苗>中树；幼苗密度 2015 年相较于 2010 年降低 79.3%（920 株/hm²），幼树、中树分别增加 691%（650 株/hm²）和 250%（60 株/hm²）。

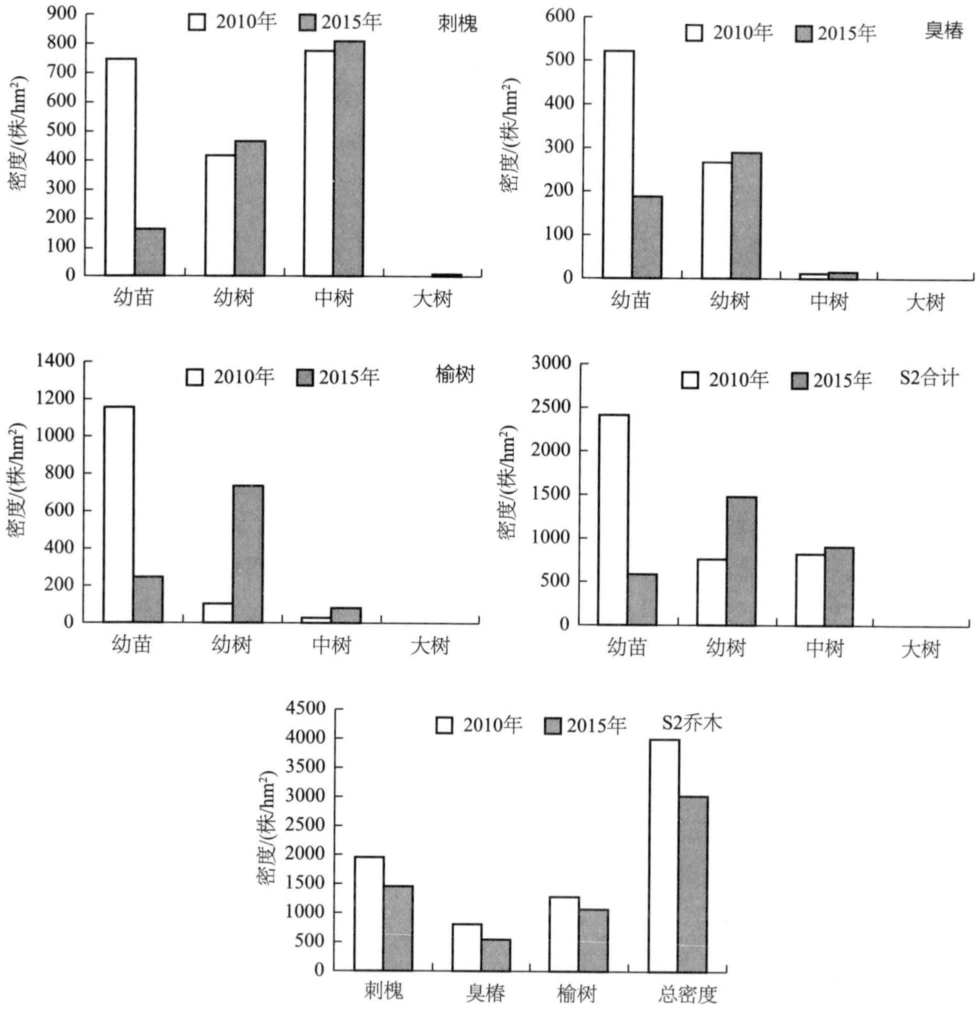

图 4－3　样地 S2 乔木发育阶段及种群密度

样地 S2 幼苗地径级分布趋势与 S1 相似，2010 年主要分布在Ⅰ～Ⅳ级，其中Ⅰ～Ⅱ级占幼苗总密度的 71.1%（图 4－4）。刺槐幼苗Ⅱ～Ⅲ地径级占其总密度的 79.8%，臭椿幼苗Ⅰ～Ⅱ级占其总密度的 80.7%，榆树幼苗Ⅰ～Ⅱ级占其总密度的 78.6%。而 2015 年主要分布在Ⅱ～Ⅵ级，其中Ⅲ～Ⅳ级占幼苗总密度的 58.1%。刺槐幼苗Ⅳ～Ⅴ级占其总密度的 75.6%，臭椿幼苗Ⅲ～Ⅳ级占其总密度的 52.1%，榆树幼苗Ⅲ～Ⅳ级占其总密度的 71.7%。

样地 S2 幼苗树高级分布也与 S1 相似，主要分布在Ⅱ～Ⅴ级，其中Ⅱ～Ⅲ级占其总密度的 74.1%（2010 年），Ⅲ～Ⅳ级占其总密度的 87.6%（2015 年）。刺槐幼苗Ⅲ～Ⅳ级占其总密度的 82.3%（2010 年）与 92.7%（2015 年），臭椿幼苗Ⅱ～Ⅲ级占其总密度的 84.9%（2010 年）与 84.4%（2015 年），榆树幼苗Ⅱ～Ⅲ级占其总密度的 83.3%（2010 年），Ⅲ～Ⅳ级占其总密度的 87.5%（2015 年）。

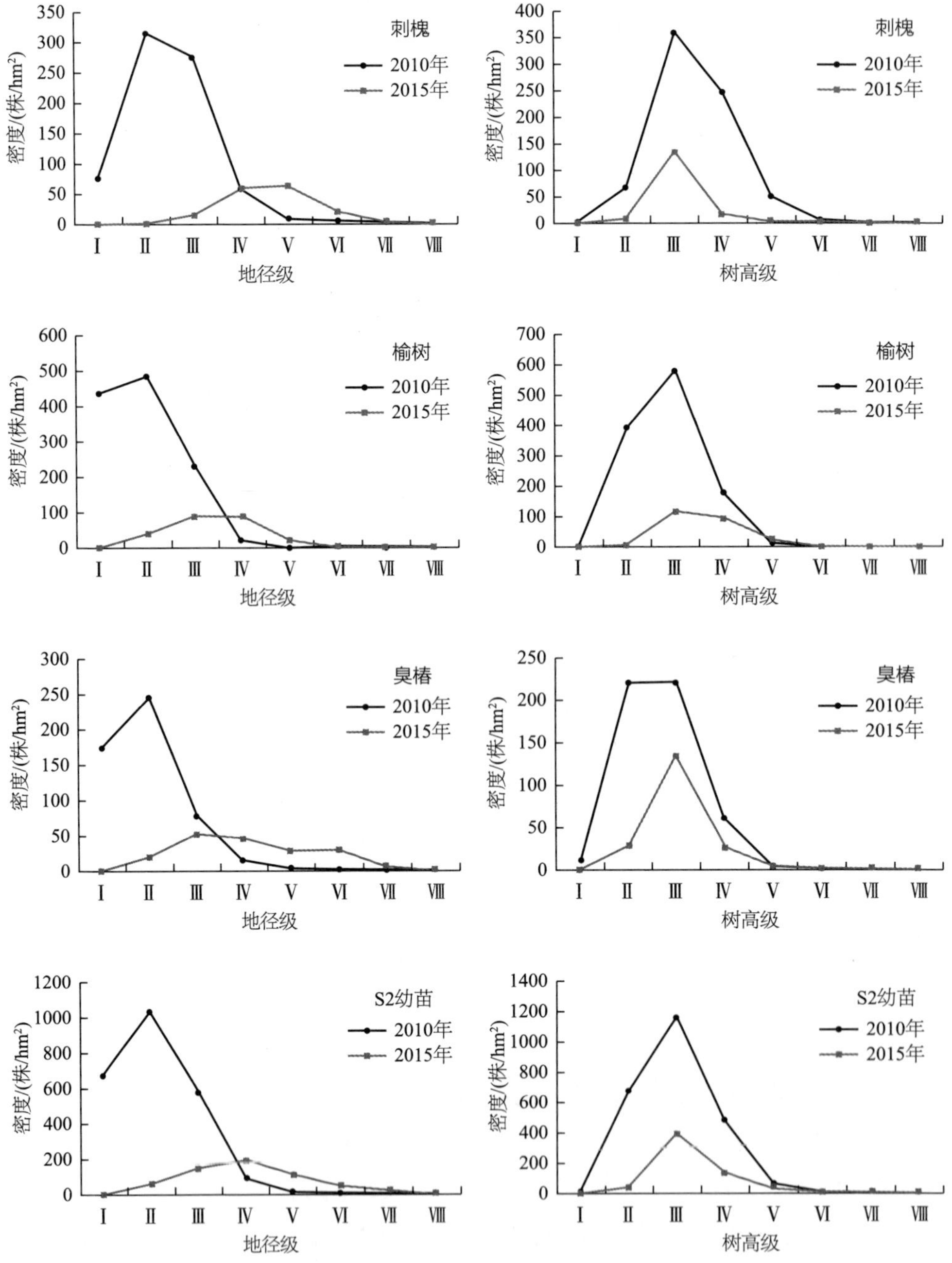

图 4－4　样地 S2 幼苗地径与树高结构

3. 样地 S3 林分结构特征

样地 S3 建群种为刺槐和油松，榆树为伴生种。从密度来看（图 4-5），样地 S3 刺槐>榆树>油松，乔木总密度 2015 年比 2010 年降低 3.6%（90 株/hm^2），刺槐降低 7.2%（108 株/hm^2），油松降低 12.0%（26 株/hm^2），榆树增加 5.4%（44 株/hm^2）。

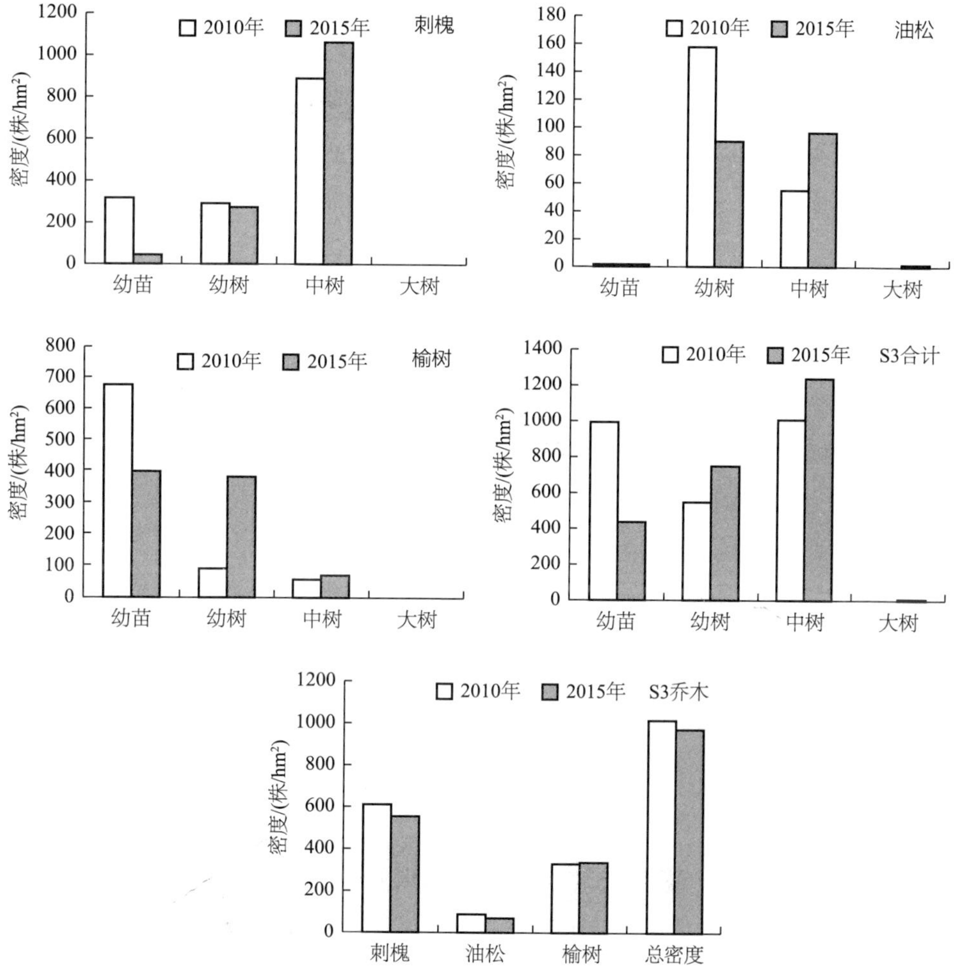

图 4-5　样地 S3 乔木发育阶段及种群密度

从发育阶段来看，2010 年样地 S3 中树>幼苗>幼树，没有大树，2015 年中树>幼树>幼苗，大树为 6 株/hm^2，幼苗密度 2015 年比 2010 年降低 54.7%（540 株/hm^2），幼树与中树分别增加 39.8%（214 株/hm^2）和 23%（230 株/hm^2）。刺槐 2010 年中树>幼苗>

幼树，没有大树，2015 年中树>幼树>幼苗，大树为 2 株/hm^2；幼苗密度 2015 年比 2010 年降低 85.3%（266 株/hm^2），幼树降低 5.4%（16 株/hm^2），中树增加 19.3%（172 株/hm^2）。油松 2010 年幼树>中树>幼苗，没有大树，2015 年中树>幼树>幼苗，大树为 2 株/hm^2；幼树密度 2015 年比 2010 年降低 43%（68 株/hm^2），中树增加 71.4%（40 株/hm^2）。榆树 2010 年幼苗>幼树>中树，没有大树，2015 年幼苗>幼树>中树，大树为 2 株/hm^2；幼苗密度 2015 年比 2010 年降低 40.7%（274 株/hm^2），幼树、中树分别增加 347%（298 株/hm^2）和 36%（18 株/hm^2）。

样地 S3 幼苗地径级呈单峰曲线分布，2010 年主要分布在Ⅰ~Ⅳ级，其中Ⅱ~Ⅲ级占幼苗总密度的 77.5%（图 4-6）。刺槐幼苗Ⅱ~Ⅲ级占其总密度的 56.4%，榆树幼苗Ⅱ~Ⅲ级占其总密度的 87.5%。2015 年主要分布在Ⅱ~Ⅴ级，其中Ⅲ~Ⅳ级占幼苗总密度的 71.4%。刺槐幼苗Ⅱ~Ⅲ级占其总密度的 69.6%，榆树幼苗Ⅲ~Ⅳ级占其总密度的 80%。

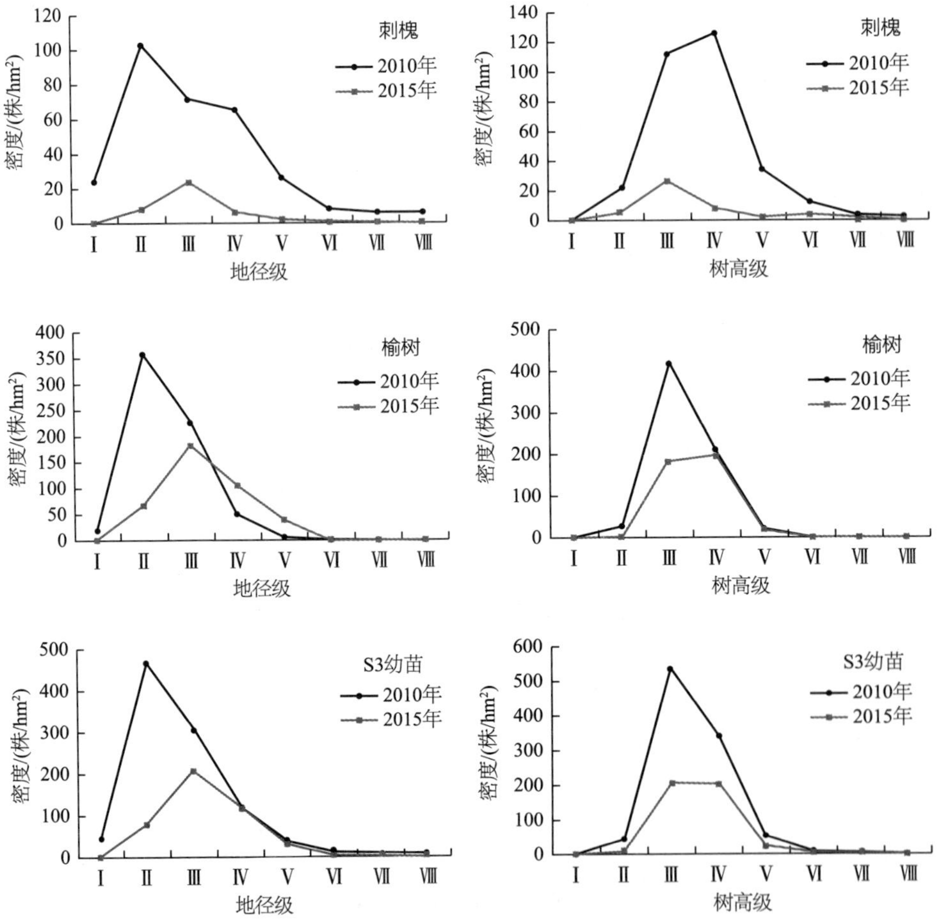

图 4-6　样地 S3 幼苗地径与树高结构

样地 S3 幼苗树高级分布与 S1 和 S2 相似，呈单峰曲线，主要分布在Ⅱ～Ⅴ级，其中Ⅲ～Ⅳ级占其总密度的 88.1%（2010 年）和 91.5%（2015 年）。刺槐幼苗Ⅲ～Ⅳ级占其总密度的 76.3%（2010 年）与 73.9%（2015 年），榆树幼苗Ⅲ～Ⅳ级占其总密度的 93.8%（2010 年），Ⅲ～Ⅳ级占其总密度的 94.0%（2015 年）。

4. 样地 S4 林分结构特征

样地 S4 建群种为刺槐，榆树为伴生种。从密度来看（图 4－7），样地 S4 刺槐>榆树，乔木总密度 2015 年比 2010 年降低 10.7%（316 株/hm^2），刺槐降低 10.4%（296 株/hm^2），榆树降低 15.9%（20 株/hm^2）。

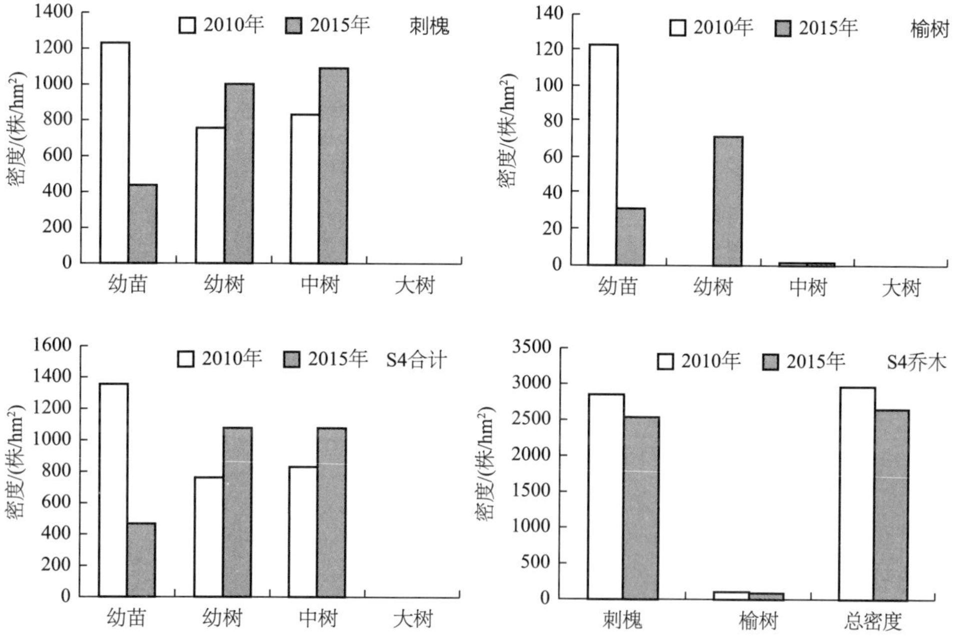

图 4－7　样地 S4 乔木发育阶段及种群密度

从发育阶段来看，2010 年样地 S4 幼苗>中树>幼树，没有大树，2015 年中树>幼树>幼苗，没有大树；幼苗密度 2015 年比 2010 年降低 65.2%（890 株/hm^2），幼树与中树分别增加 43.1%（326 株/hm^2）和 29.5%（248 株/hm^2）。刺槐 2010 年幼苗>中树>幼树，没有大树，2015 年中树>幼树>幼苗，没有大树；幼苗密度 2015 年比 2010 年降低 64.4%（798 株/hm^2），幼树与中树分别增加 33.6%（254 株/hm^2）和 29.5%（248 株/hm^2）。榆树 2010 年幼苗>中树，没有幼树与大树，2015 年幼树>幼苗>中树，没有大树；幼苗密度 2015 年比 2010 年降低 74.2%（92 株/hm^2），幼树增加 72 株/hm^2，中树 2 株/hm^2。

样地 S4 幼苗地径级呈单峰曲线分布，2010 年主要分布在Ⅰ～Ⅳ级，其中Ⅱ～Ⅲ级占幼苗总密度的 80. 2%（图 4－8）。刺槐幼苗Ⅱ～Ⅲ级占其总密度的 81. 9%，榆树幼苗Ⅰ～Ⅱ级占其总密度的 80. 6%。2015 年主要分布在Ⅱ～Ⅴ级，其中Ⅲ～Ⅳ级占幼苗总密度的 73. 4%。刺槐幼苗Ⅲ～Ⅳ级占其总密度的 76. 0%，榆树幼苗Ⅳ～Ⅴ级占其总密度的 56. 3%。

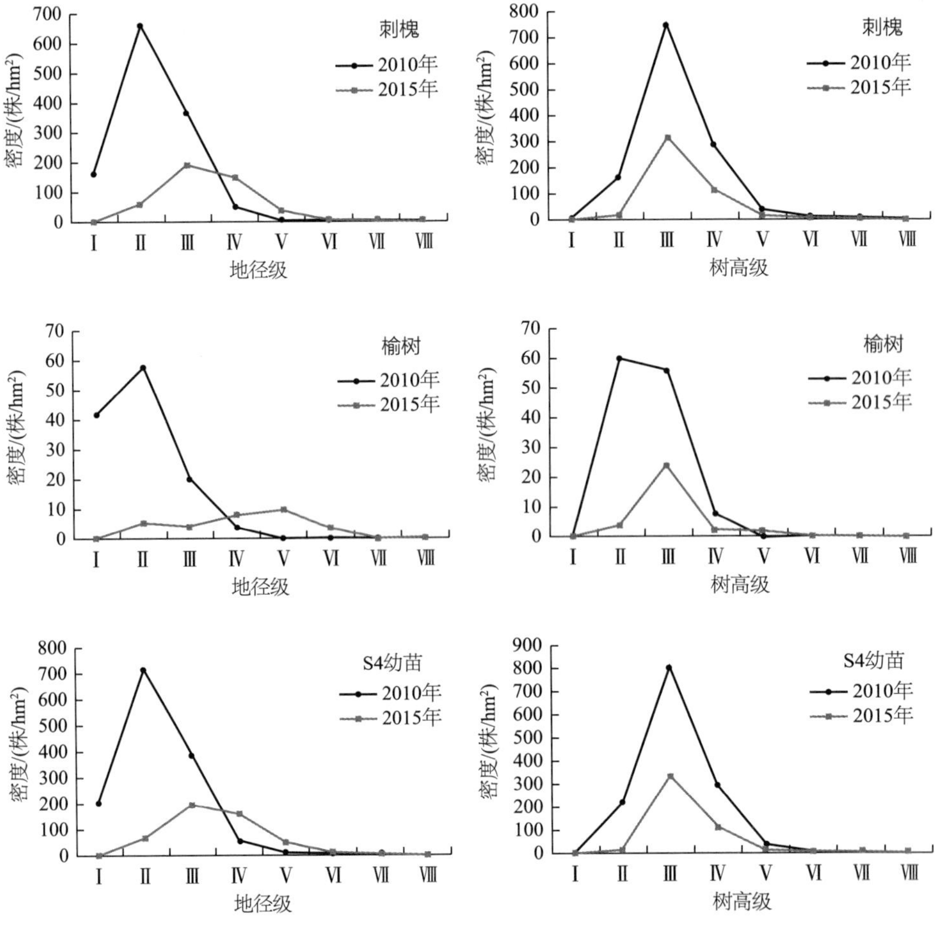

图 4－8　样地 S4 幼苗地径与树高结构

样地 S4 幼苗树高级分布与 S1、S2 和 S3 相似，呈单峰曲线，主要分布在Ⅱ～Ⅴ级，其中Ⅲ～Ⅳ级占其总密度的 80. 1%（2010 年）和 93. 7%（2015 年）。刺槐幼苗Ⅲ～Ⅳ级占其总密度的 82. 9%（2010 年）与 94. 6%（2015 年），榆树幼苗Ⅱ～Ⅲ级占其总密度的 93. 5%（2010 年）与 87. 5%（2015 年）。

5. 样地 S5 林分结构特征

样地 S5 建群种为青杆、白杆和油松，榆树为伴生种。 从密度来看（图 4－9），样地 S5 白杆>青杆>油松>榆树，乔木总密度 2015 年比 2010 年降低 7.1%（74 株/hm^2），白杆降低 5.2%（24 株/hm^2），青杆降低 6.4%（18 株/hm^2），榆树降低 38.1%（32 株/hm^2），油松密度没变化。

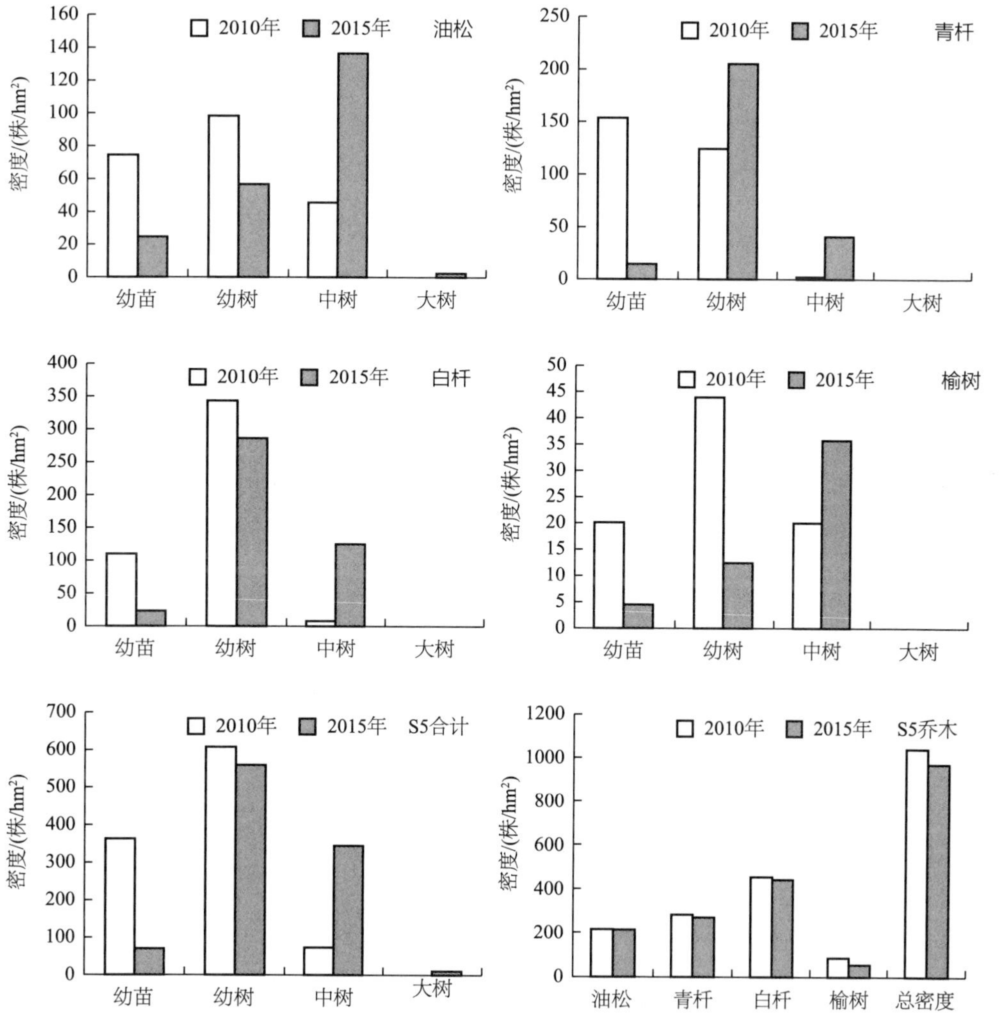

图 4－9　样地 S5 乔木发育阶段及种群密度

从发育阶段来看，S5 样地 2010 年幼树>幼苗>中树，没有大树，2015 年幼树>中树>幼苗，大树为 2 株/hm^2；幼苗密度 2015 年比 2010 年降低 81.6%（292 株/hm^2），幼树降低 8.2%（50 株/hm²），中树增加 359.5%（266 株/hm²）。油松 2010 年幼树>幼苗>中树，没有大树，2015 年中树>幼树>幼苗，大树为 2 株/hm²；幼苗密度 2015 年比 2010 年降低 67.6%（50 株/hm²），幼树降低 42.9%（42 株/hm²），中树增加 195.7%（90 株/hm²）。青杆没有大树，2010 年幼苗>幼树>中树，2015 年幼树>中树>幼苗；幼苗密度 2015 年比 2010 年降低 89.6%（138 株/hm²），幼树、中树分别增加 63.5%（80 株/hm²）与 20 倍（40 株/hm²）。白杆没有大树，2010 年幼树>幼苗>中树，2015 年幼树>中树>幼苗；幼苗密度 2015 年比 2010 年降低 80.0%（88 株/hm²），幼树降低 16.3%（56 株/hm²），中树增加 20 倍（120 株/hm²）。榆树没有大树，2010 年幼树>幼苗＝中树，2015 年中树>幼树>幼苗；幼苗密度 2015 年比 2010 年降低 80.0%（16 株/hm²），幼树降低 72.7%（32 株/hm²），中树增加 80%（16 株/hm²）。

2010 年样地 S5 幼苗地径级分布曲线呈双峰或单峰型，主要集中于Ⅲ～Ⅶ级，其中Ⅴ～Ⅵ级占幼苗总密度的 64.2%。油松幼苗Ⅲ～Ⅳ地径级占其总密度的 48.6%，青杆幼苗Ⅴ～Ⅵ级占其总密度的 85.7%，白杆幼苗Ⅳ～Ⅴ级占其总密度的 81.8%，榆树幼苗Ⅱ～Ⅲ级占其总密度的 80.0%（图 4－10）。而 2015 年幼苗地径级呈单峰曲线分布，主要集中于Ⅲ～Ⅶ级，其中Ⅳ、Ⅵ级占幼苗总密度的 57.6%。油松幼苗Ⅳ～Ⅴ地径级占其总密度的 66.7%，青杆幼苗Ⅳ、Ⅵ级占其总密度的 62.5%，白杆幼苗Ⅳ、Ⅵ级占其总密度的 72.7%，榆树幼苗Ⅳ、Ⅷ级占其总密度的 100%。

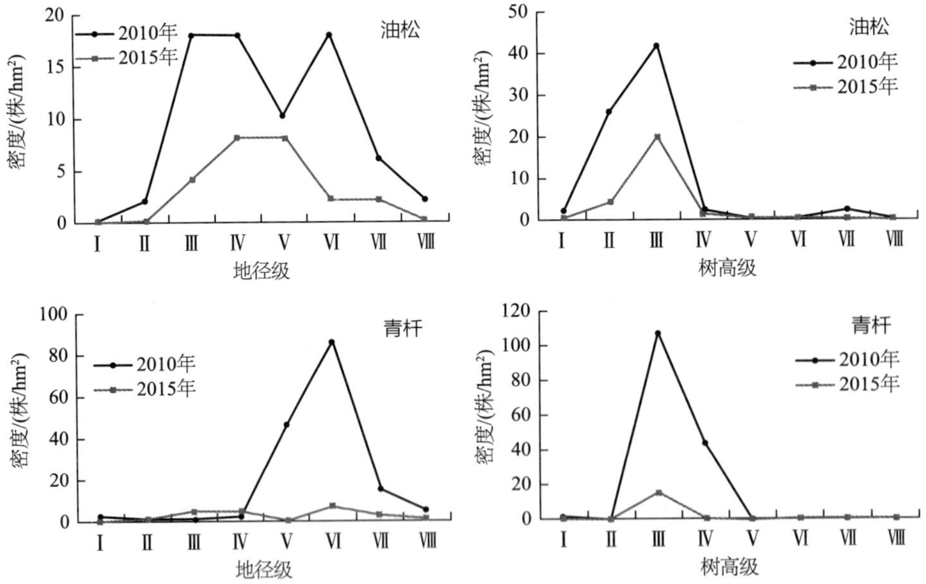

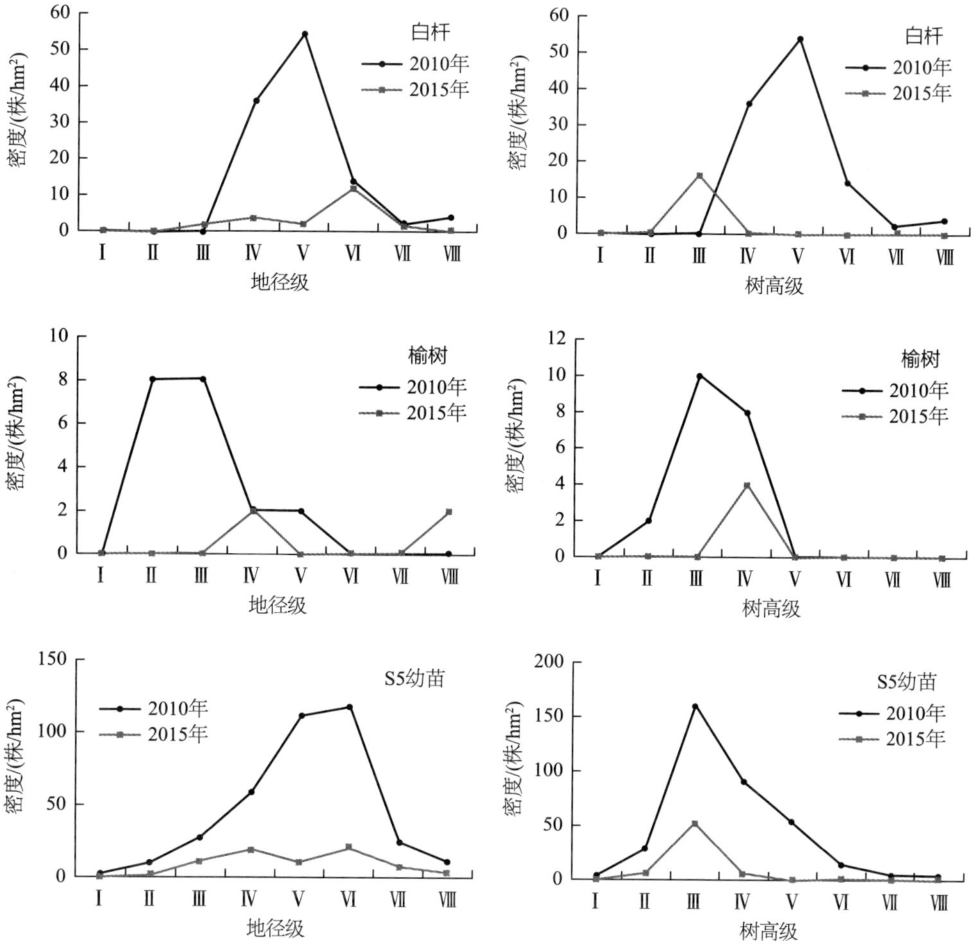

图 4-10 样地 S5 幼苗地径与树高结构

S5 样地幼苗树高级分布与 S1、S2、S3 和 S4 相似，呈单峰曲线，主要集中于Ⅱ~Ⅴ级，其中Ⅲ~Ⅳ级占其总密度的 69.8%（2010 年）和 87.6%（2015 年）。油松幼苗Ⅱ~Ⅲ级占其总密度的 91.9%（2010 年）与 100%（2015 年），青杆幼苗Ⅲ~Ⅳ级占其总密度的 98.7%（2010 年），Ⅲ级占其总密度的 100%（2015 年），白杆幼苗Ⅳ~Ⅴ级占其总密度的 81.8%（2010 年），Ⅲ级占其总密度的 100%（2015 年），榆树幼苗Ⅲ~Ⅳ级占其总密度的 90.0%（2010 年），Ⅳ级占其总密度的 100%（2015 年）。

6. 样地 S6 林分结构特征

样地 S6 建群种为榆树与乌柳。从密度来看（图 4-11），样地 S6 榆树>乌柳，乔木总密度 2015 年比 2010 年增加 0.3%（4 株/hm^2），乌柳降低 4%（8 株/hm^2），榆树增加 1.2%（12 株/hm^2）。

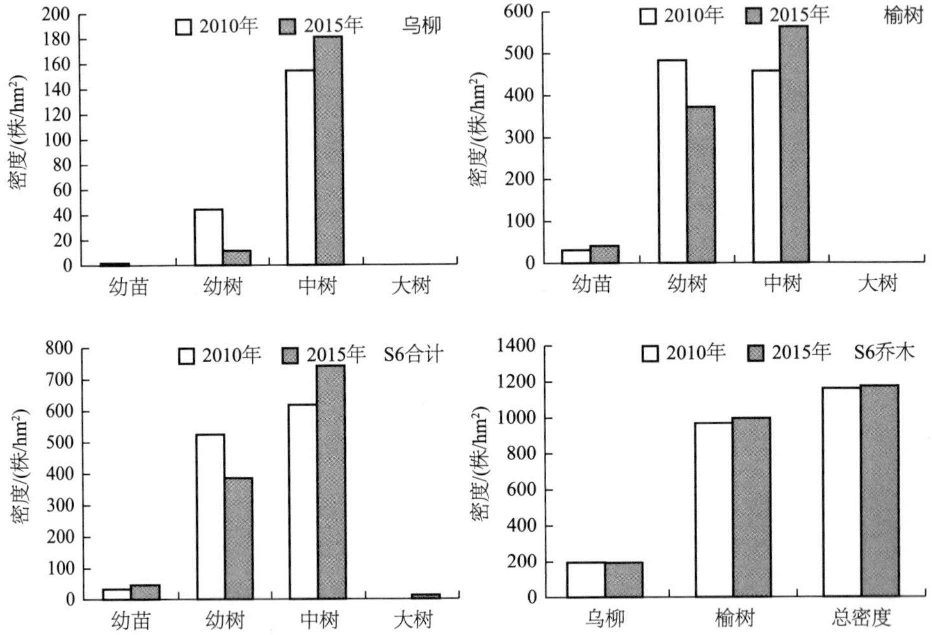

图 4-11 样地 S6 乔木发育阶段及种群密度

从发育阶段来看，S6 样地中树>幼树>幼苗，2010 年没有大树，2015 年大树 6 株/hm^2；幼苗密度 2015 年比 2010 年增加 26.7%（8 株/hm^2），幼树降低 26.9%（142 株/hm^2），中树增加 21.5%（132 株/hm^2）。乌柳中树>幼树>幼苗，没有大树；幼树密度 2015 年比 2010 年降低 72.7%（32 株/hm^2），中树增加 16.9%（26 株/hm^2），没有幼苗。榆树 2010 年幼树>中树>幼苗，没有大树，2015 年中树>幼树>幼苗，大树 6 株/hm^2；幼苗密度 2015 年比 2010 年增加 35.7%（10 株/hm^2），幼树降低 22.7%（110 株/hm^2），中树增加 23.0%（106 株/hm^2）。

样地 S6 榆树幼苗地径级呈双峰曲线分布，2010 年主要分布在Ⅰ、Ⅱ、Ⅴ、Ⅵ级，其中Ⅴ、Ⅵ级占幼苗总密度的 64.3%，2015 年主要分布在Ⅲ~Ⅵ级，其中Ⅴ、Ⅵ级占幼苗总密度的 42.1%（图 4-12）。

样地 S6 榆树幼苗树高级呈单峰曲线分布，与 S1、S2、S3、S4 和 S5 相似，主要分布在Ⅱ~Ⅳ级，Ⅱ、Ⅳ级占其总密度的 64.2%（2010 年），Ⅲ、Ⅳ级占其总密度的 84.2%（2015 年）。

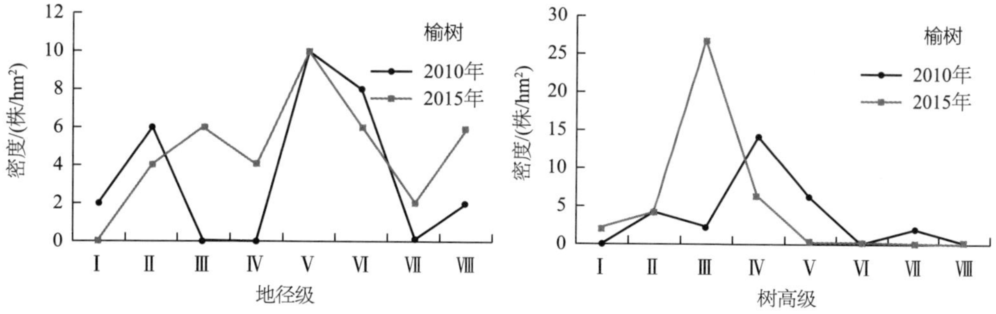

图 4－12　样地 S6 幼苗地径与树高结构

7. 不同样地林分结构比较

从图 4－13 可以看出，各样地乔木平均胸径与树高均存在显著差异（$P<0.05$），且 2010 年与 2015 年变化趋势相同。2010 年样地 S1 乔木胸径最大，平均为 7.18cm，其次为样地 S3，样地 S5 乔木胸径最小，仅 3.72cm。与 2010 年相比，2015 年各样地乔木胸径均有增长，整体年均增长 0.38cm。样地 S3 乔木胸径增长最大，年均增长 0.42cm；样地 S5 乔木胸径增长最小，年均增长 0.23cm。2010 年样地 S3 乔木最高，平均为 5.70m，其次为样地 S1，样地 S5 乔木最低，仅 3.82m。与 2010 年相比，各样地乔木高度在 2015 年均有增长，整体年均增长 0.19m。样地 S4 乔木高度增长最大，年均增长 0.24m。样地 S1 乔木高度增长最小，年均增长 0.15m。

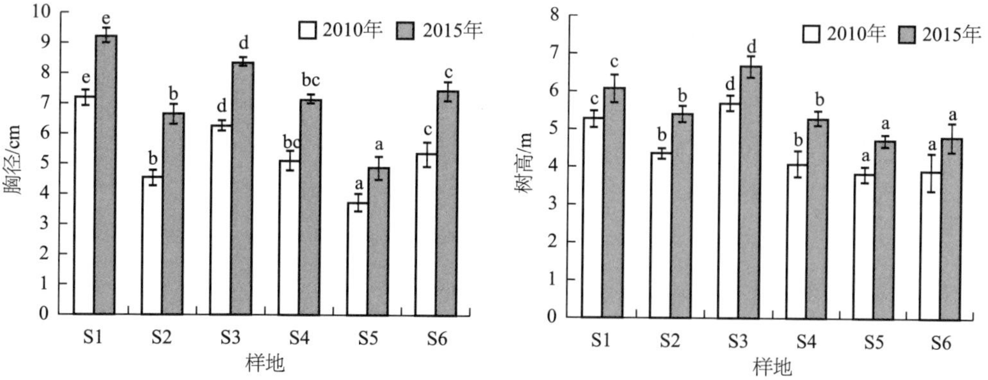

注：图中不同小写字母表示差异显著

图 4－13　不同样地乔木胸径与树高

（二）草本植物物种多样性

1. 草本植物优势种组成

由于各样地草本植物优势种数量差异较大，本研究仅对各样地排名前三的优势种进行了统计分析（表 4 – 3）。从表 4 – 3 可以看出，各样地草本植物优势种有披碱草、硬质早熟禾、糙隐子草、无芒雀麦、纤毛鹅观草、扁穗冰草、镰芒针茅、西北针茅、大针茅、长芒草、大籽蒿、黄花蒿、黑沙蒿、草地风毛菊、阿尔泰狗娃花、小花鬼针草、狭叶米口袋、白花草木樨、草木樨、紫苜蓿、兴安胡枝子、益母草和藜共 23 种，其中禾本科植物最多，为 10 种，其次为菊科（6 种）和豆科（5 种），唇形科与藜科各 1 种。

样地 S1 优势种为菊科、禾本科、唇形科、豆科与藜科植物，其中大籽蒿、黄花蒿与长芒草优势度较高，随着年度变化，大籽蒿、黄花蒿的优势度逐渐减弱，而长芒草的优势度增强，小花鬼针草、狭叶米口袋、益母草与藜逐渐成为优势种。样地 S2 优势种为菊科与禾本科植物，其中披碱草与大籽蒿优势度较高，纤毛鹅观草、黄花蒿优势度下降，而草地风毛菊优势度上升，镰芒针茅逐渐成为优势种。样地 S3 优势种主要为菊科植物，其次为禾本科植物，披碱草与大籽蒿优势度较高，黄花蒿与大籽蒿优势度下降，而披碱草与西北针茅优势度逐渐升高，小花鬼针草逐渐成为优势种。样地 S4 优势种为禾本科、菊科与唇形科植物，披碱草与长芒草优势度较高，长芒草、纤毛鹅观草、阿尔泰狗娃花与益母草优势度降低，而披碱草优势度升高，小花鬼针草、黄花蒿、大籽蒿、扁穗冰草逐渐成为优势种。样地 S5 与样地 S6 优势种均为禾本科、菊科与豆科植物，禾本科优势种优势度最高，菊科与豆科优势种优势度较低，大针茅、纤毛鹅观草与黑沙蒿优势度降低，披碱草、硬质早熟禾、糙隐子草优势度升高，紫苜蓿、兴安胡枝子、白花草木樨、草木樨逐渐成为优势种。

2. 草本植物 Patrick 丰富度指数差异及动态变化

Patrick 丰富度指数年际波动较大（图 4 – 14）。样地 S4 的 Patrick 丰富度指数波动最大，2011 年最大（68），2015 年最小（44），两者相差 24；其次是样地 S5，2011 年（83）与 2014 年（60）相差 23；样地 S2 也相差 23，样地 S1 相差 19，样地 S6 相差 18；波动最小的是样地 S3，2011 年（50）与 2014 年（38）相差 12。样地 S5 年均 Patrick 丰富度指数最高（74），其次为样地 S2（54）、样地 S4（53）、样地 S6（52）、样地 S1（47），样地 S3 最小（43）。

Patrick 丰富度指数在不同样地间差异明显。2015 年各样地 Patrick 丰富度指数差异最大，样地 S5（81）与样地 S3（42）相差 39，依次为 2012 年相差 37，2013 年也相差 37，2011 年相差 33，2010 年相差 23，2014 年差异最小，样地 S5（60）与样地 S1（38）相差 22。2011 年各样地 Patrick 丰富度指数均值最大，为 64，其次为 2013 年（56）与 2012 年（54），2010 年（53）与 2015 年（53）次之，2014 年（44）最小。

3. 草本植物 Simpson 多样性指数差异及动态变化

Simpson 多样性指数年际差异显著（$P<0.05$）（表 4－4，图 4－14）。样地 S1 的 Simpson 多样性指数波动最大，相差 0.12，其次为样地 S5（0.11）和样地 S6（0.11），样地 S4（0.09），样地 S2（0.04）与样地 S3（0.03）波动最小。样地 S1 的 Simpson 多样性指数年均值最大，为 0.331，其次为样地 S3（0.325），样地 S2（0.319）与样地 S4（0.308）再次之，最小的为样地 S5（0.245）和样地 S6（0.256）。

Simpson 多样性指数在不同样地间存在显著差异（$P<0.05$）。2010 年各样地 Simpson 多样性指数差异最大，相差 0.21，依次为 2011 年（0.14）、2012 年（0.13）、2014 年（0.05），2013 年（0.01）与 2015 年（0.01）最小。2014 年各样地 Simpson 多样性指数均值最大（0.321），其次为 2015 年（0.303）、2010 年（0.300）和 2012 年（0.300），2013 年（0.284）再次之，2011 年（0.276）最小。

4. 草本植物 Shannon－Wiener 多样性指数差异及动态变化

Shannon－Wiener 多样性指数年际差异显著（$P<0.05$）（表 4－4，图 4－14）。样地 S5 的 Shannon－Wiener 多样性指数值波动最大，相差 0.21，其次为样地 S6（0.19），样地 S1（0.13）和样地 S4（0.12）再次之，样地 S2（0.07）与样地 S3（0.07）波动最小。样地 S5 的 Shannon－Wiener 多样性指数年均值最大，为 0.704，其次为样地 S6（0.686），样地 S4（0.604）与样地 S1（0.594）再次之，最小为样地 S2（0.569）和样地 S3（0.542）。

Shannon－Wiener 多样性指数在不同样地间存在显著差异（$P<0.05$）。2010 年各样地 Shannon－Wiener 多样性指数差异最大，相差 0.32，依次为 2011 年（0.24）、2013 年（0.19）、2012 年（0.18）、2015 年（0.15），2014 年（0.11）最小。2011 年各样地 Shannon－Wiener 多样性指数均值最大，为 0.649，其次为 2013 年（0.625），

2012 年（0. 615）、2010 年（0. 608）与 2015 年（0. 604）再次之，2014 年（0. 566）最小。

5. 草本植物 Pielou 均匀度指数差异及动态变化

Pielou 均匀度指数年际差异显著（*P* <0. 05）（表 4 – 4，图 4 – 14）。样地 S1 的 Pielou 均匀度指数波动最大，相差 0. 07，其次为样地 S4（0. 03），样地 S2（0. 02）、样地 S5（0. 02）、样地 S6（0. 02）再次之，样地 S3（0. 01）波动最小。样地 S5 的 Pielou 均匀度指数年均值最大，为 0. 381，其次为样地 S6（0. 373）与样地 S2（0. 374），样地 S4（0. 368）、样地 S1（0. 362）再次之，最小为样地 S3（0. 340）。

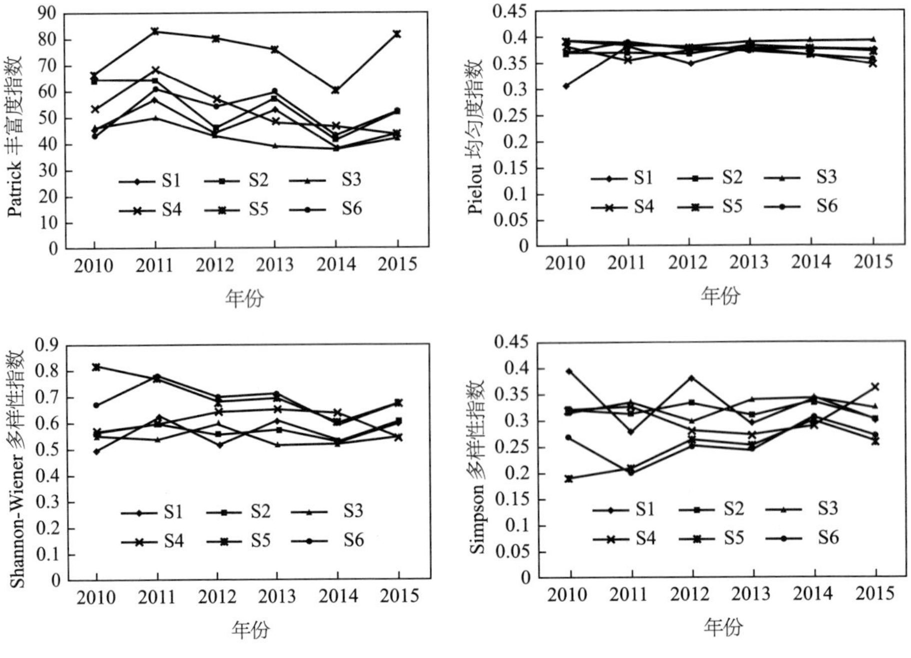

图 4 – 14　各样地草本植物物种多样性指数年际变化

Pielou 均匀度指数在不同样地间存在显著差异（*P* <0. 05）。2010 年各样地 Pielou 均匀度指数差异最大，相差 0. 08，依次为 2015 年（0. 04）、2012 年（0. 03）、2011 年（0. 03），2013 年（0. 02）与 2014 年（0. 02）最小。2013 年各样地 Pielou 均匀度指数均值最大，为 0. 381，其次为 2014 年（0. 376）与 2011 年（0. 378），2012 年（0. 371）和 2015 年（0. 371）再次之，2010 年（0. 370）最小。

表 4－3　各样地草本植物优势种

样地	年份	优势种（重要值）					
S1	2010	大籽蒿（*Artemisia sieversiana*）	（50.41）	无芒雀麦（*Bromus inermis*）	（23.32）	长芒草（*Stipa bungeana*）	（16.21）
	2011	大籽蒿（*Artemisia sieversiana*）	（33.16）	黄花蒿（*Artemisia annua*）	（27.65）	小花鬼针草（*Bidens parviflora*）	（15.86）
	2012	大籽蒿（*Artemisia sieversiana*）	（52.71）	狭叶米口袋（*Gueldenstaedtia stenophylla*）	（18.66）	硬质早熟禾（*Poa sphondylodes*）	（13.30）
	2013	无芒雀麦（*Bromus inermis*）	（35.64）	黄花蒿（*Artemisia annua*）	（32.96）	小花鬼针草（*Bidens parviflora*）	（21.10）
	2014	大籽蒿（*Artemisia sieversiana*）	（33.09）	益母草（*Leonurus artemisia*）	（29.53）	长芒草（*Stipa bungeana*）	（24.15）
	2015	藜（*Chenopodium album*）	（25.41）	长芒草（*Stipa bungeana*）	（18.95）	大籽蒿（*Artemisia sieversiana*）	（17.54）
S2	2010	披碱草（*Elymus dahuricus*）	（38.93）	大籽蒿（*Artemisia sieversiana*）	（36.74）	黄花蒿（*Artemisia annua*）	（24.71）
	2011	纤毛鹅观草（*Roegneria ciliaris*）	（38.81）	镰芒针茅（*Stipa caucasica*）	（23.79）	大籽蒿（*Artemisia sieversiana*）	（18.83）

续表

样地	年份	优势种（重要值）					
S2	2012	大籽蒿（*Artemisia sieversiana*）	（39.16）	纤毛鹅观草（*Roegneria ciliaris*）	（33.08）	披碱草（*Elymus dahuricus*）	（29.84）
	2013	披碱草（*Elymus dahuricus*）	（38.42）	草地风毛菊（*Saussurea amara*）	（33.21）	镰芒针茅（*Stipa caucasica*）	（27.07）
	2014	披碱草（*Elymus dahuricus*）	（36.12）	大籽蒿（*Artemisia sieversiana*）	（26.94）	草地风毛菊（*Saussurea amara*）	（24.76）
	2015	披碱草（*Elymus dahuricus*）	（36.31）	草地风毛菊（*Saussurea amara*）	（28.81）	大籽蒿（*Artemisia sieversiana*）	（17.95）
S3	2010	黄花蒿（*Artemisia annua*）	（33.09）	披碱草（*Elymus dahuricus*）	（32.64）	大籽蒿（*Artemisia sieversiana*）	（30.11）
	2011	披碱草（*Elymus dahuricus*）	（41.59）	黄花蒿（*Artemisia annua*）	（29.80）	大籽蒿（*Artemisia sieversiana*）	（20.74）
	2012	大籽蒿（*Artemisia sieversiana*）	（35.95）	披碱草（*Elymus dahuricus*）	（29.92）	黄花蒿（*Artemisia annua*）	（26.08）
	2013	披碱草（*Elymus dahuricus*）	（40.01）	西北针茅（*Stipa sareptana*）	（28.27）	大籽蒿（*Artemisia sieversiana*）	（23.37）
	2014	西北针茅（*Stipa sareptana*）	（28.29）	大籽蒿（*Artemisia sieversiana*）	（28.19）	小花鬼针草（*Bidens parviflora*）	（21.71）
	2015	披碱草（*Elymus dahuricus*）	（40.91）	西北针茅（*Stipa sareptana*）	（29.19）	黄花蒿（*Artemisia annua*）	（24.20）

续表

样地	年份	优势种（重要值）					
S4	2010	长芒草 （*Stipa bungeana*）	（35.75）	益母草 （*Leonurus artemisia*）	（21.67）	阿尔泰狗娃花 （*Heteropappus altaicus*）	（17.99）
	2011	披碱草 （*Elymus dahuricus*）	（48.01）	纤毛鹅观草 （*Roegneria ciliaris*）	（44.39）	长芒草 （*Stipa bungeana*）	（31.06）
	2012	披碱草 （*Elymus dahuricus*）	（37.05）	长芒草 （*Stipa bungeana*）	（21.47）	益母草 （*Leonurus artemisia*）	（17.33）
	2013	披碱草 （*Elymus dahuricus*）	（26.79）	小花鬼针草 （*Bidens parviflora*）	（22.21）	大籽蒿 （*Artemisia sieversiana*）	（20.93）
	2014	黄花蒿 （*Artemisia annua*）	（29.56）	益母草 （*Leonurus artemisia*）	（28.21）	披碱草 （*Elymus dahuricus*）	（27.64）
	2015	披碱草 （*Elymus dahuricus*）	（40.91）	扁穗冰草 （*Agropyron cristatum*）	（35.13）	长芒草 （*Stipa bungeana*）	（29.50）
S5	2010	大针茅 （*Stipa bungeana*）	（25.04）	披碱草 （*Elymus dahuricus*）	（24.92）	黑沙蒿 （*Artemisia ordosica*）	（12.54）
	2011	纤毛鹅观草 （*Roegneria ciliaris*）	（26.74）	硬质早熟禾 （*Poa sphondylodes*）	（17.93）	黑沙蒿 （*Artemisia ordosica*）	（16.09）
	2012	纤毛鹅观草 （*Roegneria ciliaris*）	（41.06）	白花草木樨 （*Melilotus albus*）	（30.17）	硬质早熟禾 （*Poa sphondylodes*）	（24.43）

续表

样地	年份	优势种（重要值）					
S5	2013	披碱草（*Elymus dahuricus*）	（31.64）	硬质早熟禾（*Poa sphondylodes*）	（18.52）	紫苜蓿（*Medicago sativa*）	（16.02）
	2014	披碱草（*Elymus dahuricus*）	（35.23）	硬质早熟禾（*Poa sphondylodes*）	（30.46）	纤毛鹅观草（*Roegneria ciliaris*）	（29.76）
	2015	披碱草（*Elymus dahuricus*）	（31.71）	硬质早熟禾（*Poa sphondylodes*）	（25.86）	兴安胡枝子（*Lespedeza daurica*）	（19.60）
S6	2010	大针茅（*Stipa bungeana*）	（37.77）	纤毛鹅观草（*Roegneria ciliaris*）	（31.31）	黑沙蒿（*Artemisia ordosica*）	（13.15）
	2011	硬质早熟禾（*Poa sphondylodes*）	（24.99）	纤毛鹅观草（*Roegneria ciliaris*）	（22.59）	糙隐子草（*Cleistogenes squarrosa*）	（16.70）
	2012	硬质早熟禾（*Poa sphondylodes*）	（30.94）	披碱草（*Elymus dahuricus*）	（20.86）	糙隐子草（*Cleistogenes squarrosa*）	（17.11）
	2013	硬质早熟禾（*Poa sphondylodes*）	（27.97）	糙隐子草（*Cleistogenes squarrosa*）	（24.73）	紫苜蓿（*Medicago sativa*）	（19.22）
	2014	硬质早熟禾（*Poa sphondylodes*）	（36.10）	草木樨（*Melilotus officinalis*）	（30.42）	糙隐子草（*Cleistogenes squarrosa*）	（20.19）
	2015	硬质早熟禾（*Poa sphondylodes*）	（37.97）	糙隐子草（*Cleistogenes squarrosa*）	（18.33）	兴安胡枝子（*Lespedeza daurica*）	（15.19）

表 4－4　不同年份不同样地间草本植物物种多样性指数

指数	年份	S1	S2	S3	S4	S5	S6
Shannon－Wiener 多样性指数	2010	0. 49 ±0. 01aA	0. 56 ±0. 01bAB	0. 54 ±0. 01bA	0. 57 ±0. 01bAB	0. 81 ±0. 01dD	0. 67 ±0. 01cB
	2011	0. 62 ±0. 01bC	0. 59 ±0. 02bBC	0. 54 ±0. 01aA	0. 59 ±0. 02bBC	0. 77 ±0. 02cC	0. 78 ±0. 01cC
	2012	0. 52 ±0. 01aAB	0. 56 ±0. 01aAB	0. 59 ±0. 01bB	0. 65 ±0. 02cD	0. 68 ±0. 02cdA	0. 70 ±0. 01dB
	2013	0. 61 ±0. 01cC	0. 57 ±0. 01bBC	0. 52 ±0. 01aA	0. 65 ±0. 01dD	0. 70 ±0. 01eA	0. 71 ±0. 01eB
	2014	0. 53 ±0. 01aB	0. 53 ±0. 01aA	0. 52 ±0. 01aA	0. 63 ±0. 02cCD	0. 60 ±0. 01bcA	0. 59 ±0. 01bA
	2015	0. 59 ±0. 01bC	0. 60 ±0. 01bC	0. 54 ±0. 01aA	0. 53 ±0. 01aA	0. 67 ±0. 01cA	0. 68 ±0. 01cB
Simpson 多样性指数	2010	0. 40 ±0. 01dC	0. 32 ±0. 01cAB	0. 31 ±0. 01cAB	0. 32 ±0. 01cB	0. 19 ±0. 01aA	0. 27 ±0. 01bBC
	2011	0. 28 ±0. 01bA	0. 31 ±0. 01cAB	0. 34 ±0. 01cB	0. 33 ±0. 01cB	0. 21 ±0. 01aA	0. 20 ±0. 01aA
	2012	0. 38 ±0. 01dC	0. 33 ±0. 01cAB	0. 30 ±0. 01bA	0. 28 ±0. 01abA	0. 26 ±0. 01aB	0. 25 ±0. 01aBC
	2013	0. 29 ±0. 01cdA	0. 31 ±0. 01dAB	0. 34 ±0. 01eB	0. 27 ±0. 01bcA	0. 25 ±0. 01abB	0. 24 ±0. 01aB
	2014	0. 34 ±0. 01bB	0. 34 ±0. 01bB	0. 34 ±0. 01bB	0. 29 ±0. 01aAB	0. 30 ±0. 01aC	0. 31 ±0. 01aD
	2015	0. 30 ±0. 01bA	0. 30 ±0. 01bA	0. 32 ±0. 01bAB	0. 36 ±0. 01cC	0. 26 ±0. 01aB	0. 27 ±0. 01aC
Pielou 均匀度指数	2010	0. 31 ±0. 01aA	0. 37 ±0. 00bAB	0. 39 ±0. 00c	0. 38 ±0. 00bcD	0. 39 ±0. 00cB	0. 37 ±0. 00bBC
	2011	0. 38 ±0. 00cC	0. 37 ±0. 00bAB	0. 38 ±0. 00c	0. 36 ±0. 00aAB	0. 39 ±0. 00cB	0. 38 ±0. 00cD
	2012	0. 35 ±0. 00aB	0. 37 ±0. 00bA	0. 38 ±0. 00c	0. 38 ±0. 00bcCD	0. 38 ±0. 00bcA	0. 38 ±0. 00bcC
	2013	0. 38 ±0. 00abC	0. 39 ±0. 00bcC	0. 39 ±0. 00c	0. 38 ±0. 00abD	0. 38 ±0. 00abA	0. 37 ±0. 00aBC
	2014	0. 38 ±0. 00bcC	0. 38 ±0. 00bBC	0. 39 ±0. 00c	0. 37 ±0. 00aBC	0. 38 ±0. 00abA	0. 37 ±0. 00aAB
	2015	0. 38 ±0. 00cC	0. 37 ±0. 00cAB	0. 39 ±0. 00d	0. 35 ±0. 01aA	0. 37 ±0. 00cA	0. 36 ±0. 00bA

注：表中不同小写字母表示同一年度不同样地间的差异显著，不同大写字母表示同一样地不同年度间的差异显著（ $P<0.05$ ）。

（三）环境因子特征

1. 土壤理化特征

各样地土壤理化指标存在显著性的差异（$P<0.05$）。从物理指标看（图 4－15），样地 S4、S5、S6 土壤容重较低，其中样地 S5 最小，为 1.17g/cm^3；样地 S1、S2、S3 土壤容重较高，其中样地 S3 容重最大，为 1.54g/cm^3。土壤含水量与土壤容重变化趋势一致。田间持水量与土壤容重变化趋势相反，样地 S4、S5、S6 田间持水量较大，样地 S1、S2、S3 较小，其中样地 S4 最大，为 20.32%，样地 S3 最小，仅 5.44%。从化学指标看（图 4－16），pH 在不同样地间差异最小，样地 S2 最大

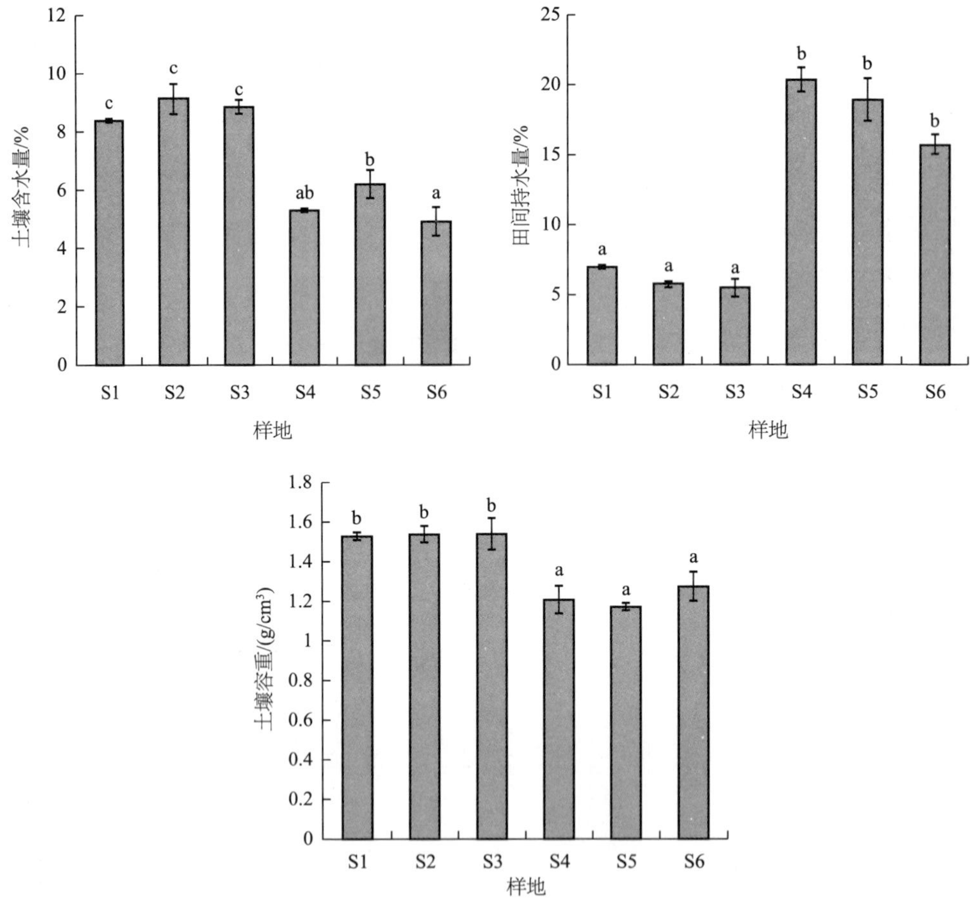

注：图中不同小写字母表示差异显著

图 4－15　各样地土壤物理指标

（8.48），样地 S4 最小（8.22）。样地 S2 土壤有机碳（49.83g/kg）、全磷（0.54g/kg）、全氮（0.74g/kg）含量最高，样地 S6 最低，分别为 9.13g/kg、0.38g/kg 与 0.33g/kg；样地 S4、S5、S6 土壤速效磷含量较高，其中样地 S5 最高，为 7.45mg/kg；样地 S1、S2、S3 较低，其中样地 S2 最低，仅为 3.69mg/kg。不同样地土壤碱解氮差异最大，样地 S5 含量最高（67.68mg/kg），样地 S1 最低（20.74mg/kg）。

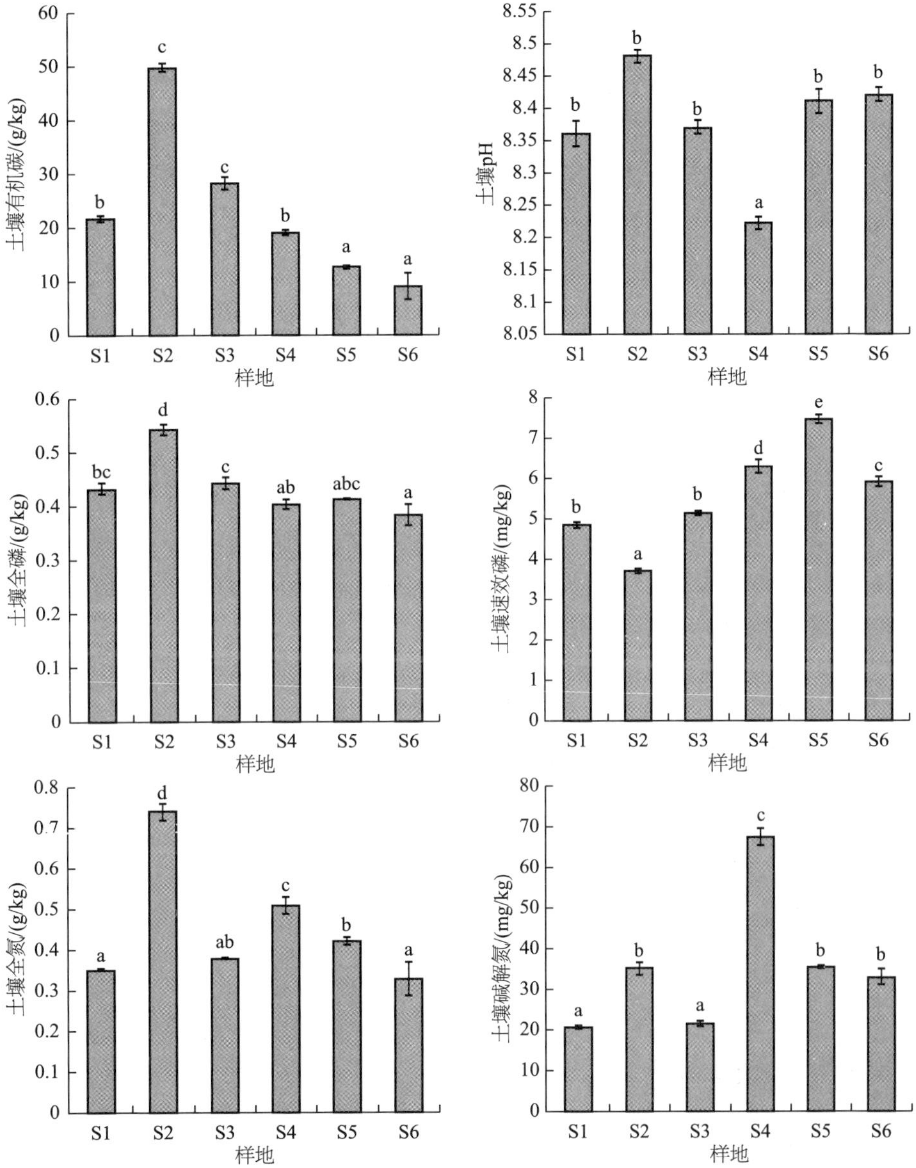

注：图中不同小写字母表示差异显著

图 4－16　各样地土壤化学指标

2. 气候因子特征

四季与年降水量年际变化较大（图 4 - 17），其中年降水量变化最大，2013 年与 2010 年相差 347.5mm；其次为夏季降水量，2013 年与 2010 年相差 303.3mm，2015 年与 2012 年秋季降水量相差 120.5mm，2014 年与 2010 年春季降水量相差 35.9mm；冬季降水量变化最小，2012 年与 2013 年相差 10.2mm。年平均降水量最大，为 409.13mm，夏季平均降水量次之，为 238.22mm，秋季平均降水量为 111.33mm，春季平均降水量为 52.22mm，冬季平均降水量最小，仅 7.5mm。

四季与年均温年际变化较小（图 4 - 17），其中冬季均温变化最大，2015 年与 2012 年相差 5℃，其次为春季均温，2010 年与 2015 年相差 3.35℃，2010 年与 2013 年夏季均温相差 2.55℃，2014 年与 2015 年秋季均温相差 2.45℃，年均温变化最小，2014 年与 2012 年相差 1.56℃。年际夏季均温均值最高，为 19.24℃，其次为春季均温（8.14℃），年均温（6.28℃），秋季均温（5.03℃），年际冬季均温均值最低，为 -7.28℃。

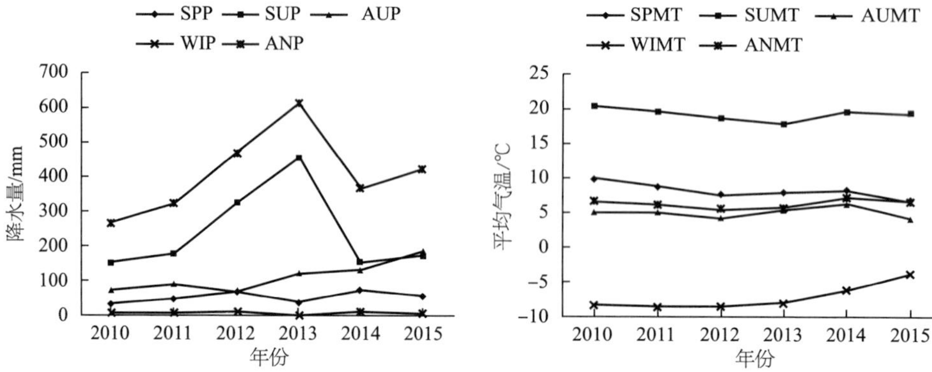

注：SPP：春季降水量，SUP：夏季降水量，AUP：秋季降水量，WIP：冬季降水量，ANP：年降水量，SPMT：春季均温，SUMT：夏季均温，AUMT：秋季均温，WIMT：冬季均温，ANMT：年均温

图 4 - 17　降水量与平均气温年际变化

（四）群落与环境的关系

1. 群落与土壤的关系

人工林群落与土壤有机碳、土壤速效磷、土壤含水量、田间持水量、土壤容重

显著相关（表 4－5）。乔木胸径与土壤速效磷（－0. 368*，P<0. 05）、田间持水量（－0. 393*，P<0. 05）显著负相关，与土壤容重（0. 441*，P<0. 05）显著正相关。乔木树高和 Simpson 多样性指数均与土壤有机碳、土壤含水量、土壤容重显著正相关，与土壤速效磷、田间持水量显著负相关。Shannon－Wiener 多样性指数与土壤速效磷（0. 497**，P<0. 01）、田间持水量（0. 555**，P<0. 01）显著正相关，与土壤有机碳（－0. 537**，P<0. 01）、土壤含水量（－0. 574**，P<0. 01）、土壤容重（－0. 590**，P<0. 01）显著负相关。Patrick 丰富度指数与土壤速效磷（0. 526**，P<0. 01）、田间持水量（0. 442*，P<0. 05）显著正相关，与土壤容重（－0. 519**，P<0. 01）显著负相关。Pielou 均匀度指数与土壤因子相关性不显著。

表 4－5　人工林群落指标与土壤因子的相关性

	SOC	pH	TP	AP	TN	AN	SMC	FMC	BD
胸径	0. 135	－0. 135	0. 052	－0. 368*	－0. 043	－0. 140	0. 156	－0. 393*	0. 441*
树高	0. 451*	－0. 131	0. 287	－0. 467**	0. 138	－0. 124	0. 452*	－0. 557**	0. 538**
H'	－0. 537**	0. 097	－0. 339	0. 497**	－0. 248	0. 174	－0. 574**	0. 555**	－0. 590**
λ	0. 496**	－0. 140	0. 324	－0. 457*	0. 277	－0. 081	0. 498**	－0. 486**	0. 544**
R_0	－0. 216	0. 182	－0. 080	0. 526**	0. 095	0. 187	－0. 246	0. 442*	－0. 519**
E	0. 153	0. 128	－0. 052	－0. 072	－0. 096	－0. 327	0. 345	－0. 256	0. 169

注：SOC：土壤有机碳，pH：酸碱度，TP：全磷，AP：速效磷，TN：全氮，AN：碱解氮，SMC：土壤含水量，FMC：田间持水量，BD：容重。H'：Shannon－Wiener 多样性指数；λ：Simpson 多样性指数；R_0：Patrick 丰富度指数；E：Pielou 均匀度指数

显著度：* P<0. 05，** P<0. 01。

2. 群落与气候的关系

人工林群落与春季降水量、秋季降水量及冬季均温显著相关（P<0. 05）（表 4－6）。乔木树高、Shannon－Wiener 多样性指数和 Simpson 多样性指数均与秋季降水量显著相关（P<0. 05），其中乔木树高和 Simpson 多样性指数与其负相关（P<0. 05），而 Shannon－Wiener 多样性指数与其正相关。Shannon－Wiener 多样性指数与冬季均温（P<0. 05）显著正相关，Simpson 多样性指数与其（P<0. 05）显著负相关。Pielou

均匀度指数与春季降水量显著正相关（$P<0.05$）。乔木胸径与气候因子相关性不显著。

表 4-6 人工林群落指标与气候因子的相关性

	SPP	SUP	AUP	WIP	ANP	SPMT	SUMT	AUMT	WIMT	ANMT
胸径	-0.505	0.141	-0.447	-0.043	-0.085	0.250	0.092	-0.620	-0.323	-0.359
树高	-0.096	0.263	-0.841*	0.363	-0.046	0.339	-0.013	-0.395	-0.724	-0.605
H'	0.397	-0.332	0.890*	-0.038	0.040	-0.498	0.068	0.259	0.885*	0.633
λ	-0.532	0.358	-0.819*	-0.101	-0.008	0.486	-0.092	-0.298	-0.833*	-0.619
R_0	0.428	-0.319	0.425	0.020	-0.113	-0.029	0.152	0.759	0.369	0.651
E	0.853*	0.264	-0.123	0.742	0.346	-0.480	-0.372	-0.106	-0.077	-0.476

注：SPP：春季降水量，SUP：夏季降水量，AUP：秋季降水量，WIP：冬季降水量，ANP：年降水量，SPMT：春季均温，SUMT：夏季均温，AUMT：秋季均温，WIMT：冬季均温，ANMT：年均温，H'：Shannon-Wiener 多样性指数；λ：Simpson 多样性指数；R_0：Patrick 丰富度指数；E：Pielou 均匀度指数

显著度：* $P<0.05$，** $P<0.01$。

3. 群落与环境 RDA 分析

人工林群落与环境因子 RDA 分析结果见图 4-18。从图 4-18 可以看出，大多数植物指标与环境因子在第一轴上得到了很好的分化，占物种与环境信息量的 71.7%；只有 Pielou 均匀度指数、春季降水量、冬季降水量、夏季均温等少数因子与第二轴紧密相关，占信息量的 19.4%。土壤容重与第 1 轴最大负相关，与乔木胸径、乔木树高、Simpson 多样性指数显著正相关；而秋季降水量、田间持水量、冬季均温和土壤速效磷与第一轴正相关，同时与 Shannon-Wiener 多样性指数、Patrick 丰富度指数显著正相关。春季降水量与第 2 轴最大正相关，同时与 Pielou 均匀度指数显著正相关。其他环境因子与第 1 轴、第 2 轴相关性较弱。从与第 1、第 2 排序轴的相关程度可以看出，土壤容重、秋季降水量、田间持水量、冬季均温和土壤速效磷是影响人工林群落的主要环境因子，其中土壤容重与秋季降水量影响力最大。

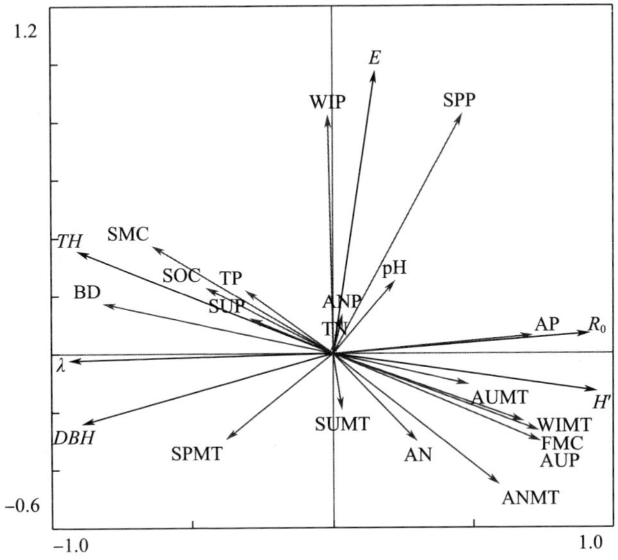

图 4－18　人工林群落指标与环境因子 RDA 分析

四、讨论

（一）人工林乔木生长状况

安太堡露天煤矿复垦区人工林经过 30 余年的生长，林分结构发生了巨大的变化。2010 年与 2015 年分别对人工林林分结构进行了调查与分析，结果表明 5 年后人工林乔木总密度下降，林下幼苗由多减少，乔木以幼树为主转为以幼树、中树为主，乔木径级结构呈正态分布，林下幼苗地径级与树高级也主要呈单峰曲线分布，说明复垦区人工林群落整体由发育盛期阶段逐渐进入发育末期阶段（高妍夏，2012）。刺槐+榆树+臭椿林、刺槐纯林林分密度大，乔木以幼树为主，刺槐+油松林、榆树+乌柳林林分密度小，乔木以中树为主，说明林分密度在一定程度上制约了乔木种群径级结构（魏强等，2015）。林分密度越大，乔木径级越小；反之，乔木径级越大。虽然青杆+白杆+油松林林分密度最小，但乔木仍以幼树为主，这与乔木本身的生物学特点有关。人工林乔木种群整体生长缓慢，这一方面与人工林当地的环境条件有关，另一方面从植被分布区来看，人工林所在区域为温带草原地带，乔木受大的地理环境的影响，很难有突破性的生长。

从人工林建群种种群数量来看，刺槐与臭椿的死亡数量最多，与其他树种相比，刺槐与臭椿对土壤水分的需求量大，尤其在密度过大的林分中，这种差异更加明显。复垦区位于矿区内，有专人看管，虽然为人工林减少了人为干扰与安全隐患，但也阻碍了外来物种的侵入。榆树作为耐寒耐旱树种在复垦区种植后，生长状况良好，种子繁殖力强，环境适应能力强，在各类型人工林均有分布。刺槐+油松林中榆树数量最多，刺槐纯林较少，青杆+白杆+油松林最少，这与林分密度、郁闭度、土壤水分有关。刺槐+油松林郁闭度高，林下空间充足，为榆树种子的萌发提供了有利条件；刺槐纯林虽然林分郁闭度较低，但林分密度大，且乔木多为幼树，榆树幼苗的生长空间不足；青杆+白杆+油松林郁闭度与林分密度均低，但其土壤含水量也较低，影响了榆树种子的萌发。

（二）人工林草本植物动态变化

复垦区人工林下草本优势种主要为禾本科、菊科与豆科植物，这些植物抗旱耐寒，适应性强，为先锋植物（王丽媛等，2012）。通过对草本植物 6 年的动态调查，发现早期的优势种出现一定程度的分化，优势程度下降，而其他一些中生植物逐渐成为优势种，这充分说明复垦区人工林的生态环境有所改善，群落恢复能力增强。刺槐+油松林分布于排土场的斜坡，其土壤持水能力差，在一定程度上制约了中生植物的定居，林下黄花蒿、大籽蒿的优势地位逐渐被长芒草与披碱草所代替。刺槐+榆树+臭椿林土壤含水量，有机碳、全磷、全氮含量均最高，较好的土壤养分条件促使早期优势种纤毛鹅观草优势度下降，而草地风毛菊优势度上升。青杆+白杆+油松林林分郁闭度较低，且林下枯落物少，仅有少数榆树幼苗定居，为外来草本植物的定居提供了充足的生长空间，其林下草本植物物种最多。

（三）环境对人工林群落的影响

Pearson 相关分析表明，5 个土壤因子与人工林群落极显著相关，而仅有 3 个气候因子与人工林群落显著相关，说明复垦区人工林群落与土壤因子的相关性高于气候因子，草本植物多样性动态也说明了这一点。与其他年份相比，2011 年降水量较少，但草本植物物种最多，而与之气候条件相近的 2014 年草本植物物种却最少，这主要是受局部环境条件影响较大所致。从空间尺度看，土壤因子在林分尺度上，而气候因子为区域尺度。当地年际气温变化较小，但年际降水量变化明显，2013 年降水量最大，人工林草本植物均匀度最高，而 2010 年降水量最小，草本植物均匀度最低，这从一定程度上反映了降水量比气温对人工林的影响更大。从相关分析结果来看，乔木胸径、树高、Shannon－Wiener 多样性指数、Simpson 多样性指数和 Patrick 丰富度指数均与土壤容重、田间持水量和土壤速效磷显著相关，这与很多学者（Yuan and Chen，2009；郝文芳等，2012；刘雯霞等，2012）的研究结果一致。由于复垦区土壤全部是由大型机械堆垫压实形成的，不同地形、不同平台压实程度不一致，致使各样地土壤容重存在差异。土壤容重越大，土壤颗粒之间的空隙越小，田间持水量也越小，但土壤紧实度增强，其储水能力也相应增强，土壤含水量也相应较大。在黄土高原地区，土壤含水量是植物生长的重要指标。因此，土壤容重是引起复垦区土壤物理性状差异的起因，与乔木与草本植物的生长密切相关。研究证明，较大的土壤容重会阻碍乔木根系的生长，尤其是侧根的发育。当土壤容重为 $1.00g/cm^3$ 时，任何水分条件下对植物根部的机械阻力均接近于零（Ma et al.，2012；Wang et al.，2011）。土壤速效磷是植物磷元素的主要来源，影响植物的生长与发育。本研究中土壤速效磷与乔木胸径和树高负相关，这可能与分析的树种生理特点有关，青杆+白杆+油松林土壤速效磷含量最高，但其乔木胸径与树高值均最小。RDA 分析表明，影响复垦区人工林群落最大的环境因子为土壤容重与秋季降水量。土壤容重影响土壤的物理结构，进而影响其化学、生物特性，而自然降水是植物获取水分的主要来源，尤其是秋季的降水，是植物安全过冬的保障。复垦区春季与冬季降水量很少，第二年植物种子的萌发、新芽的生长只能依赖于土壤储备的秋季降水。

五、结论

与 2010 年相比，2015 年复垦区人工林林分结构发生了明显变化。刺槐+榆树+臭椿林乔木总密度最大，青杆+白杆+油松林最小。除榆树+乌柳林乔木总密度略有增加外，其余各人工林乔木总密度均有所下降。刺槐作为建群种，死亡数量最多，乌柳死亡数量最少。刺槐+油松林与榆树+乌柳林以中树为主，刺槐+榆树+臭椿林、青杆+白杆+油松林以幼树为主，刺槐纯林以中树与幼树为主。人工林下幼苗地径多呈倒“J”型或单峰曲线分布，树高呈单峰曲线分布。乔木平均胸径与树高均存在显著差异，且年际变化趋势相同。刺槐+油松林乔木胸径、树高均最大，青杆+白杆+油松林均最小。 人工林乔木胸径年均增长 0. 38cm，其中刺槐+油松林增长最大，青杆+白杆+油松林增长最小。 人工林乔木树高年均增长 0. 19m，其中刺槐纯林增长最大，刺槐+油松林增长最小。 总体来看，复垦区人工林正由发育盛期逐渐进入发育末期，并开始进入自然演替阶段。

2010—2015 年复垦区人工林草本植物优势种共计 23 种，其中禾本科植物最多（10 种），其次为菊科（6 种）和豆科（5 种），唇形科与藜科各 1 种。 刺槐+油松林下草本层优势种大籽蒿、黄花蒿的优势度逐渐降低，而长芒草、披碱草与西北针茅的优势度逐渐增加，小花鬼针草、狭叶米口袋、益母草与藜逐渐成为优势种。 刺槐+榆树+臭椿林草本层纤毛鹅观草、黄花蒿优势度逐渐下降，而草地风毛菊优势度增加，镰芒针茅逐渐成为优势种。 刺槐纯林草本层长芒草、纤毛鹅观草、阿尔泰狗娃花与益母草优势度逐渐降低，而披碱草优势度升高，小花鬼针草、黄花蒿、大籽蒿、扁穗冰草逐渐成为优势种。 青杆+白杆+油松林与榆树+乌柳林草本层大针茅、纤毛鹅观草与黑沙蒿优势度降低，而披碱草、硬质早熟禾、糙隐子草优势度升高，紫苜蓿、兴安胡枝子、白花草木樨和草木樨逐渐成为优势种。

人工林草本植物物种多样性在样地间与年际间均存在显著差异（ $P<0.05$ ）。 青杆+白杆+油松林草本植物丰富度与物种多样性均最高，刺槐+油松林均最低。 但刺槐+油松林草本植物优势度最高，青杆+白杆+油松林、榆树+乌柳林较低。 人工林草本植物均匀度变化规律与其优势度相反。 2011 年人工林草本植物丰富度与物种多样性均最高，2014 年均最低。 年际优势度变化规律与年际物种多样性相反。 2013 年人工林草本植物均匀度最高，2010 年最低。

人工林群落与环境因子相关性分析结果表明，乔木胸径、乔木树高、Patrick 丰富度指数、Shannon－Wiener 多样性指数、Simpson 多样性指数和 Pielou 均匀度指数与土壤容重、田间持水量、土壤速效磷、土壤含水量、土壤有机碳、秋季降水量、冬季均温及春季降水量显著相关（ $P<0.05$ ）。 从 RDA 分析结果来看，土壤容重、秋季降水量、田间持水量、冬季均温和土壤速效磷是影响人工林植物群落的主要环境因子，其中土壤容重与秋季降水量影响力最大。

第五章

人工林乔木层碳密度动态特征

一、引言

我国地域辽阔，森林资源丰富，但人均资源量很少。随着我国六大林业重点工程的相继启动与建设，人工林作为天然林的有效补充，极大地改善了人均森林资源匮乏的局面。第八次全国森林资源清查结果显示，我国人工林面积从原来的 6169 万 hm^2 增加到 6933 万 hm^2；人工林蓄积从原来的 19.61 亿 m^3 增加到 24.83 亿 m^3，人工造林对增加森林总量的贡献明显（马学威等，2019）。我国人工林主要集中在采矿区、风沙区等生态环境急需改善的地区，它们不仅起到了防风固沙、防止水土流失的作用，而且发挥了固碳释氧等生态效益。在全球节能减排，努力实现碳中和的大背景下，这部分人工植被将在调节区域碳平衡方面做出巨大贡献（Ahmad et al，2021）。森林生物量是森林生态系统的基础数量特征，同时也是全球碳循环和森林生态系统碳密度的重要数据来源（马炜和孙玉军，2009）。20 世纪 70 年代我国学者开始对森林生物量进行研究，早期研究了杉木（*Cunninghamia lanceolata*）人工林生物量及其森林生产力（潘维俦等，1978），20 世纪 80 年代初期分别对长白山温带天然林及马尾松（*Pinus massoniana*）人工林的生物量进行了研究（李文华等，1981；冯宗炜等，1982）。随着全国不同森林类型的生物量及其空间分布格局的系统研究，生物量模型的建立以及生物量估算方法的改善，我国森林生态系统生物量和生产力的研究得到了快速发展（廖国莉等，2020）。目前，国内外研究学者除采用生物量法外，还通过碳通量监测法及稳定性同位素法对区域、国家乃至全球尺度上森林生态系统碳密度、碳储量进行了研究，其中营林措施、林分密度、林龄、气候、地形等因素对森林碳储量的影响研究较为成熟，但在森林演替过程中碳密度和碳储量的变化及其时空分布格局等方面研究不足（马学威等，2019）。

20世纪90年代初，安太堡露天煤矿复垦区土壤经过前期草本植物熟化后，开始种植乔木植物，进行乔灌、乔草等植被恢复模式的配置与筛选试验。所有乔木植物种植后，人工管护3年，辅助乔木度过成活阶段，之后乔木自然生长，仅在其迅速生长期内适度间伐1~2次。在20余年的跟踪调查研究中发现一些乔灌植被恢复模式被自然淘汰，而表现良好的乔草模式也与当初的种植情况大相径庭。成林后，随着乔木的成熟，林下已有大量更新小乔木，当初种植的草本植物早已经退化，被大量野生草本植物所代替，草本植物物种多样性不断提高。由于榆树的高度适应性，其种子大量传播，目前榆树已经自然定居于各人工林模式中。虽然复垦区人工林结构发生了明显的变化，但不同恢复模式人工林中乔木生长状况差异显著，部分刺槐、榆树、乌柳枯梢，冠幅缩小，碳汇能力减弱。复垦区人工林作为该区域的重要森林资源，对维持当地碳平衡具有举足轻重的作用。因此，本章在第四章的基础上，以安太堡露天煤矿复垦区主要人工林模式为研究对象，通过野外调查不同林分乔木胸径、高度等结构指标，分析乔木生物量及碳密度特征，以期探明复垦区人工林碳密度变化规律，为人工林的管护及其碳汇研究提供科学依据。

二、研究方法

（一）样地设置

选择复垦区典型人工林作为长期定点观测样地（表5-1），每块样地面积0.5hm^2，采用全站仪将样地测设为50个样方（10m×10m），每个样方再划分为4个小样方（5m×5m），在每个小样方左下角划分出1个草本样方（1m×1m）。记录各人工林样地乔木种植模式、种植时间、海拔、地形、立地条件等。

表5-1　人工林样地基本概况

样地	种植模式	种植时间/年	地形	海拔/m	立地条件
S1	刺槐+油松	1992	斜坡	1360	土石混排
S2	刺槐+榆树+臭椿	1992	平台	1380	土石混排

续表

样地	种植模式	种植时间/年	地形	海拔/m	立地条件
S3	刺槐+油松	1992	斜坡	1380～1460	土石混排
S4	刺槐纯林	1994	平台	1420	土石混排
S5	青杆+白杆+油松	1994	平台	1460	表层覆土
S6	榆树+乌柳	1994	平台	1460	表层覆土

（二）样方调查

2010 年与 2015 年分别对每块样地 50 个样方内所有活立木（不包括幼苗，乔木胸径<2cm）进行调查，记录乔木名称、乔木胸径、乔木高度（TH）、冠幅、盖度等。

（三）生物量与碳密度估算

利用各样地乔木胸径、高度实测数据，采用冯宗炜等（1999）生物量经验（回归）模型估算不同乔木生物量，各树种生物量计算公式见式（5－1）～式（5－11）。

青杆、白杆：$W_T=0.067732(D^2H)^{0.865949}$ （5－1）

油松：$W_S=0.027636(D^2H)^{0.9905}$ （5－2）

$W_B=0.0091313(D^2H)^{0.982}$ （5－3）

$W_L=0.0045755(D^2H)^{0.9894}$ （5－4）

$W_T=W_S+W_B+W_L$ （5－5）

榆树、小叶杨：$W_S=0.044(D^2H)^{0.9169}$ （5－6）

$W_P=0.023(D^2H)^{0.7115}$ （5－7）

$W_B=0.0104(D^2H)^{0.9994}$ （5－8）

$W_L=0.0188(D^2H)^{0.8024}$ （5－9）

$W_T=W_S+W_P+W_B+W_L$ （5－10）

刺槐、乌柳：$W_T=0.0495502(D^2H)^{0.952453}$ （5－11）

式中 W_S——树干生物量

W_P——树皮生物量

W_B——树枝生物量

W_L——树叶生物量

W_T——地上部分总生物量

本部分参考华北地区及山西省森林类型碳密度研究成果（陈遐林，2003；卢景龙等，2012），最终确定乔木生物量与其碳密度换算系数为 0.4989。因此，乔木碳密度计算公式见式（5－12）。

$$C = 0.4989 \times W \qquad (5-12)$$

式中 C——碳密度

W——单位面积生物量

（四）数据分析

采用 SPSS 统计分析软件包（SPSS 17.0 for Windows，Chicago，USA）分析乔木胸径、树高、单株生物量的显著性，并对乔木指标与气候因子、土壤因子的 Pearson 相关系数进行计算。土壤数据来源于第四章，气候数据来源于当地气象局。

三、研究结果

（一）乔木层结构特征

1. 乔木密度结构

从年度来看（图 5－1），2010 年刺槐纯林乔木密度最大（1598 株/hm^2），2015 年刺槐+榆树+臭椿林乔木密度最大（2408 株/hm^2），其次为刺槐+油松林（S3、S1）、榆树+乌柳林，青杆+白杆+油松林乔木密度均最小（686 株/hm^2，904 株/hm^2）。不同样地刺槐、油松、榆树密度也存在明显差异。除了刺槐纯林，2010 年与 2015 年刺槐在刺槐+油松林（S3）中密度均最大（1186 株/hm^2，1344 株/hm^2），其次为刺槐+榆树+臭椿林，刺槐+油松林（S1）最小（976 株/hm^2，1098 株/hm^2）。2010 年油松在刺槐+油松林（S1）中密度最大（236 株/hm^2），其次为刺槐+油松林（S3），油松在青杆+白杆+油松林中密度最小（144 株/hm^2）。2015 年油松在刺槐+油松林（S1）中密度最大（234 株/hm^2），青杆+白杆+油松林中油松密度（194 株/hm^2）大于刺槐+油松林（S3）中油松密度（188 株/hm^2）。榆树不仅作为建群种在人工林中繁育出大量更新小乔木，而且逐渐定居于其他人工林模式中。2010 年榆树在榆树+乌柳林中密度最大（944 株/hm^2），其次为刺槐+油松林（S3，136 株/hm^2）与刺槐+榆树+臭椿林（118 株/hm^2），刺槐+油松林（S1）与青杆+白杆+油松林再次之，榆树在刺槐纯林密度最小 2 株/hm^2。2015 年榆树在榆树+乌柳林中密度最大（946 株/hm^2），其次为刺槐+榆树+臭椿林（830 株/hm^2）与刺槐+油松林（S3，454 株/hm^2），刺槐+油松林（S1）与刺槐纯林再次之，榆树在青杆+白杆+油松林中密度最小（48 株/hm^2）。

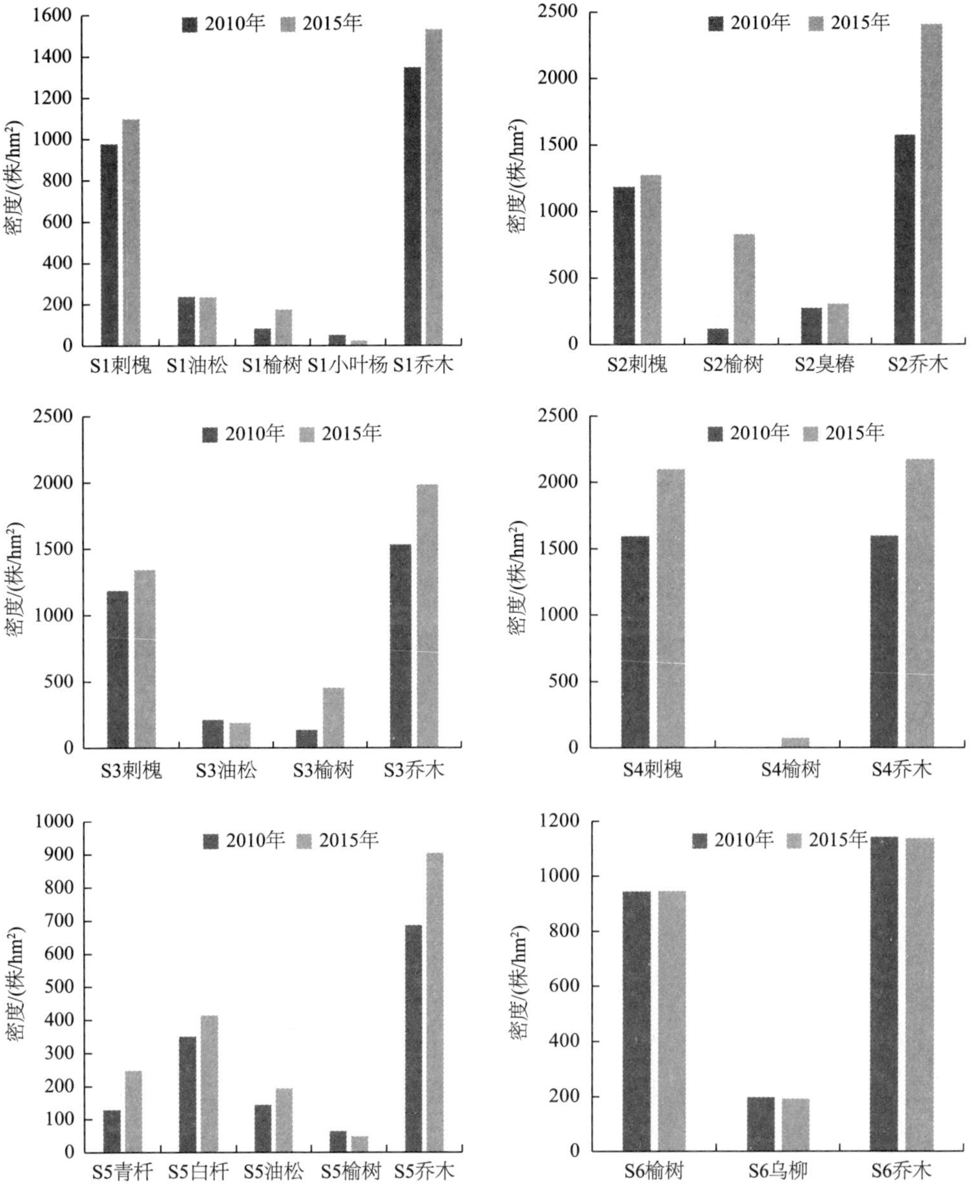

图 5－1　不同样地乔木密度结构

从年际变化来看（图 5－1），2010—2015 年，刺槐+榆树+臭椿林乔木密度增加最大（832 株/hm^2），其次为刺槐纯林（574 株/hm^2）与刺槐+油松林（S3，450 株/hm^2），青杆+白杆+油松林（218 株/hm^2）与刺槐+油松林（S1，184 株/hm^2）次之，榆树+乌柳林乔木密度降低（4 株/hm^2）。不同样地刺槐、油松、榆树密度在 2010—2015 年也发生了明显变化。刺槐纯林中刺槐密度增加最大（502 株/hm^2），其次为刺槐+油松林（S3，158 株/hm^2；S1，122 株/hm^2），刺槐+榆树+臭椿林中刺槐密度增加最小（90 株/hm^2）。青杆+白杆+油松林中油松密度增加（50 株/hm^2），但在刺槐+油松林中密度均降低（S3，26 株/hm^2；S1，2 株/hm^2）。刺槐+榆树+臭椿林中榆树密度增加最大（712 株/hm^2），其次为刺槐+油松林（S3，318 株/hm^2），刺槐+油松林（S1，92 株/hm^2）与刺槐纯林（72 株/hm^2）次之，榆树+乌柳林中榆树密度增加最小（2 株/hm^2），青杆+白杆+油松林中榆树密度降低（16 株/hm^2）。除了主要乔木外，其他乔木密度也发生了很大变化。青杆、白杆与臭椿密度分别增加 120 株/hm^2、64 株/hm^2 与 30 株/hm^2，而小叶杨与乌柳密度分别降低 28 株/hm^2 与 6 株/hm^2。

2. 乔木胸径结构

从年度来看（图 5－2），2010 年刺槐+油松林（S1）乔木胸径最大（8. 95cm），其次为刺槐+油松林（S3，8. 37cm），榆树+乌柳林、刺槐纯林与刺槐+榆树+臭椿林次之，青杆+白杆+油松林乔木胸径最小（4. 66cm）。2015 年刺槐+油松林（S1）乔木胸径最大（9. 01cm），其次为榆树+乌柳林（8. 71cm），刺槐+油松林（S3）、刺槐纯林与青杆+白杆+油松林次之，刺槐+榆树+臭椿林乔木胸径最小（6. 18cm）。不同样地刺槐、油松、榆树胸径也存在明显差异。2010 年与 2015 年刺槐+油松林中刺槐胸径均最大（S1，9. 31cm，9. 39cm；S3，8. 85cm，10. 02cm），其次为刺槐+榆树+臭椿林，刺槐纯林中刺槐胸径均最小（7. 13cm，6. 93cm）。2010 年刺槐+油松林（S1）中油松胸径最大（7. 42cm），其次为刺槐+油松林（S3），青杆+白杆+油松林中油松胸径最小（6. 04cm）。2015 年青杆+白杆+油松林中油松胸径最大（9. 91cm），其次为刺槐+油松林（S1），刺槐+油松林（S3）中油松胸径最小（9. 35cm）。2010 年刺槐纯林中榆树胸径最大（9. 17cm），其次为榆树+乌柳林（7. 25cm），刺槐+油松林（S3）、青杆+白杆+油松林与刺槐+油松林（S1）次之，刺槐+榆树+臭椿林中榆树胸径最小（4. 69cm）。2015 年青杆+白杆+油松林中榆树胸径最大（9. 5cm），其次为榆树+乌柳林（8. 43cm），刺槐+油松林（S1、S3）与刺槐+榆树+臭椿林次之，刺槐纯林中榆树胸径最小（3. 82cm）。

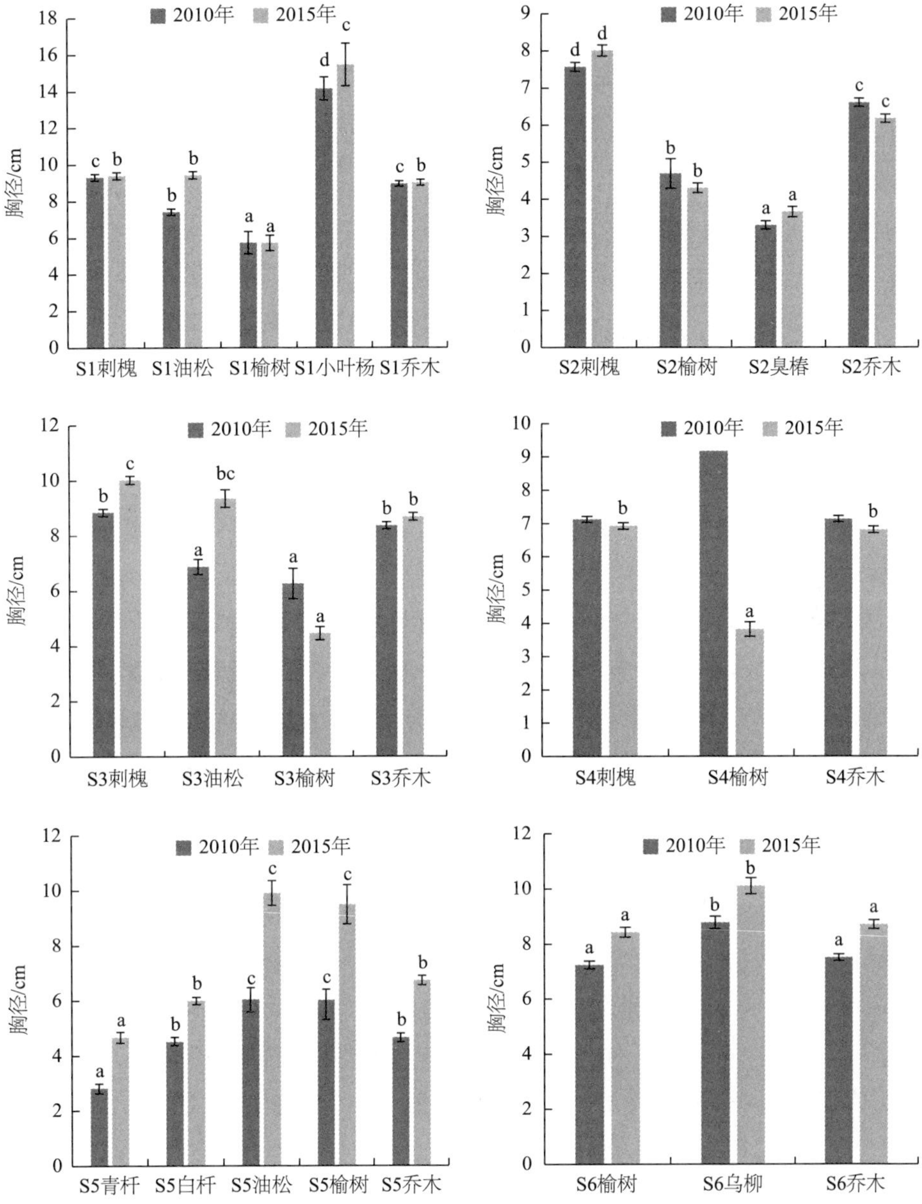

注：图中不同小写字母表示差异显著

图 5－2　不同样地乔木胸径结构

从年际变化来看（图 5－2），2010—2015 年，青杄+白杄+油松林乔木胸径增长最大（2. 07cm），其次为榆树+乌柳林（1. 2cm），刺槐+油松林（S3，0. 32cm）次之，刺槐+油松林（S1）乔木胸径增长最小（0. 06cm），刺槐纯林与刺槐+榆树+臭椿林乔木胸径分别减少 0. 32cm 与 0. 43cm。 不同样地刺槐、油松、榆树胸径在 2010—2015 年也发生了明显变化。刺槐+油松林（S3）中刺槐胸径增长最大（1.17cm），其次为刺槐+榆树+臭椿林（0.44cm），刺槐+油松林（S1）中刺槐胸径增长最小（0.08cm），刺槐纯林中刺槐胸径减少0.2cm。青杄+白杄+油松林中油松胸径增长最大（3.87cm），其次为刺槐+油松林（S3，2.48cm），刺槐+油松林（S1）中油松胸径增长最小（2.01cm）。除青杄+白杄+油松林（3.48cm）与榆树+乌柳林（1.18cm）中榆树胸径增长外，其他人工林中榆树胸径均减少，依次为：刺槐纯林（5.35cm）、刺槐+油松林（S3，1.8cm）、刺槐+榆树+臭椿林（0.39cm）与刺槐+油松林（S1，0.02cm）。2010—2015年，其他乔木胸径均有增长，依次为：青杄（1.84cm）、白杄（1.48cm）、乌柳（1.33cm）、小叶杨（1.3cm）与臭椿（0.36cm）。

3. 乔木高度结构

从年度来看（图5-3），2010年刺槐+油松林（S1）乔木最高（5.87m），其次为刺槐+榆树+臭椿林（5.4m），刺槐纯林、榆树+乌柳林与刺槐+油松林（S3）次之，青杄+白杄+油松林乔木最低（2.93m）。2015年刺槐+油松林（S1）乔木最高（5.31m），其次为刺槐纯林（4.76m），榆树+乌柳林、刺槐+榆树+臭椿林与刺槐+油松林（S3）次之，青杄+白杄+油松林乔木最低（3.62m）。不同样地刺槐、油松、榆树高度也存在明显差异。2010年与2015年刺槐+油松林（S3）中刺槐均最高（7.24m，7.26m），其次为刺槐+油松林（S1），刺槐+榆树+臭椿林次之，刺槐纯林中刺槐最低（5.29m，4.82m）。2010年与2015年刺槐+油松林（S3）中油松均最高（4.38m，5.8m），其次为刺槐+油松林（S1），青杄+白杄+油松林中油松最低（4.16m，4.77m）。2010年刺槐纯林中榆树最高（7.4m），其次为榆树+乌柳林（4.85m），刺槐+油松林（S3、S1）与青杄+白杄+油松林次之，刺槐+榆树+臭椿林中榆树最低（3.79m）。2015年青杄+白杄+油松林中榆树最高（4.77m），其次为榆树+乌柳林（4.7m），刺槐+油松林（S1）、刺槐+榆树+臭椿林与刺槐+油松林（S3）次之，刺槐纯林中榆树最低（3.09m）。

从年际变化来看（图5-3），2010—2015年，除青杄+白杄+油松林（0.69m）乔木高度略有增加外，其他人工林乔木高度均有所降低，依次为：榆树+乌柳林（0.17m）、刺槐纯林（0.54m）、刺槐+油松林（S1，0.56m）、刺槐+榆树+臭椿林（0.89m）与刺槐+油松林（S3，1.14m）。不同样地刺槐、油松、榆树高度在2010—2015年也发生了明显变化。刺槐+油松林（S3）中刺槐高度增加极少（0.02m），而刺槐纯林、刺槐+油松林（S1）与刺槐+榆树+臭椿林中刺槐高度分别降低0.47m、0.77m与0.78m。刺槐+油松林（S3）中油松高度增加最大（1.42m），其次为刺槐+

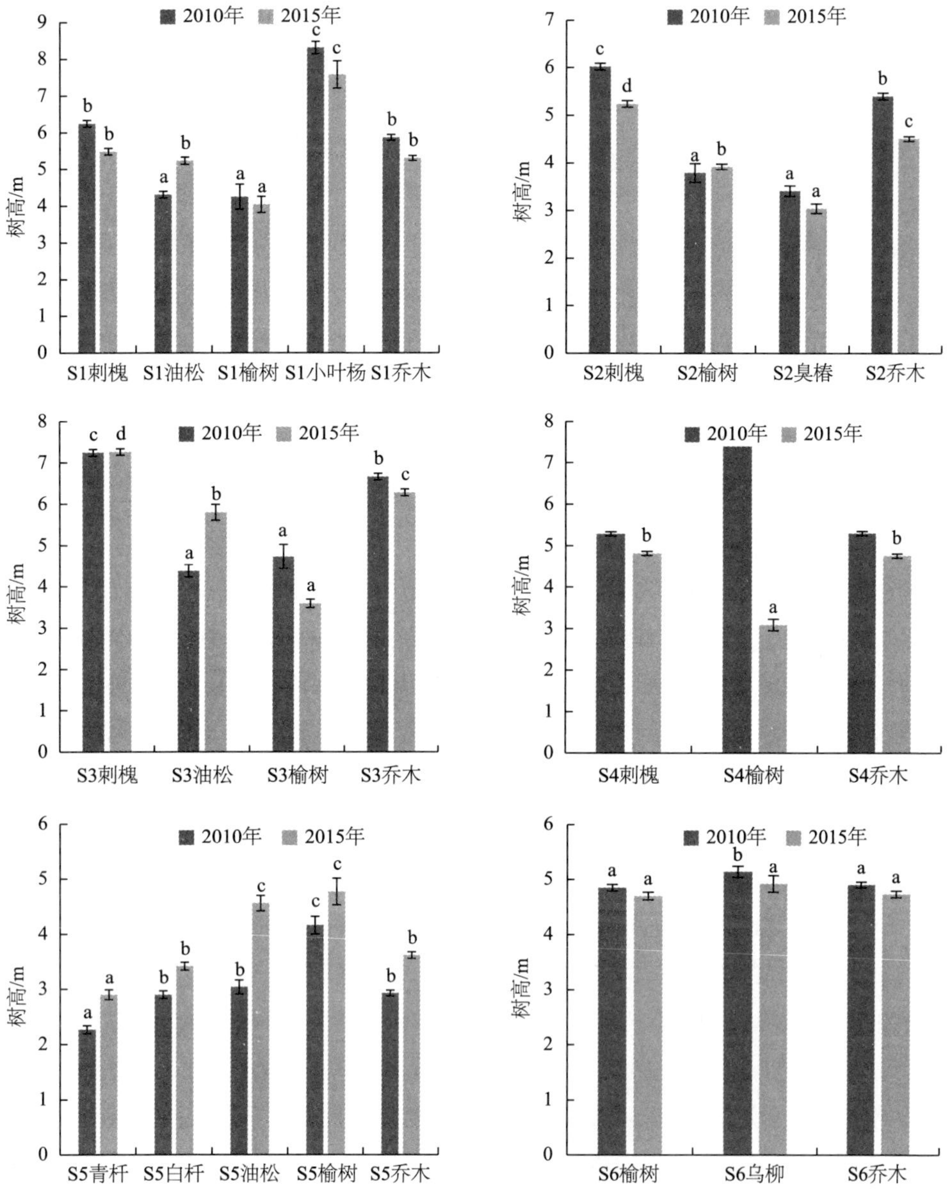

注：图中不同小写字母表示差异显著

图5-3　不同样地乔木高度结构

油松林（S1，0.92m），青杆+白杆+油松林中油松高度增加最小（0.61m）。青杆+白杆+油松林（0.61m）与刺槐+榆树+臭椿林（0.13m）中榆树高度略有增加，而其他人工林中榆树高度均降低，依次为：榆树+乌柳林（0.15m）、刺槐+油松林（S1，0.21m）、刺槐+油松林（S3，1.14m）与刺槐纯林（4.31m）。除了主要乔木外，

2010—2015 年青杆与白杆高度分别增加 0. 63m 与 0. 52m，而乌柳、臭椿与小叶杨高度分别降低 0. 22m、0. 37m 与 0. 73m。

（二）乔木层生物量及碳密度特征

1. 乔木单株生物量

从年度来看（图 5 - 4），2010 年刺槐+油松林（S1）乔木单株生物量最大（24. 58kg），其次为刺槐+油松林（S3，23. 17kg），榆树+乌柳林、刺槐+榆树+臭椿林与刺槐纯林次之，青杆+白杆+油松林乔木单株生物量最小（4. 34kg）。2015 年刺槐+油松林（S3）乔木单株生物量最大（26. 65kg），其次为刺槐+油松林（S1，24. 17kg），榆树+乌柳林、刺槐纯林与刺槐+榆树+臭椿林次之，青杆+白杆+油松林乔木单株生物量最小（10. 18kg）。不同样地刺槐、油松、榆树单株生物量也存在明显差异。2010 年与 2015 年刺槐+油松林（S1、S3）中刺槐单株生物量最大（26. 34kg，33. 07kg），其次为刺槐+榆树+臭椿林，刺槐纯林中刺槐单株生物量均最小（12. 47kg，12. 64kg）。2010 年与 2015 年刺槐+油松林（S3）中油松单株生物量均最大（16. 74kg，25. 31kg），2010 年刺槐+油松林（S1）中油松单株生物量较青杆+白杆+油松林（7. 83kg）大，2015 年正好相反，刺槐+油松林（S1）中油松单株生物量最小（19. 94kg）。2010 年刺槐纯林中榆树单株生物量最大（22. 71kg），其次为榆树+乌柳林（16. 01kg），刺槐+油松林（S1、S3）与青杆+白杆+油松林次之，刺槐+榆树+臭椿林中榆树单株生物量最小（8. 02kg）。2015 年青杆+白杆+油松林中榆树单株生物量最大（24. 16kg），其次为榆树+乌柳林（21. 53kg），刺槐+油松林（S1、S3）与刺槐+榆树+臭椿林次之，刺槐纯林中榆树单株生物量最小（2. 26kg）。

从年际变化来看（图 5 - 4），2010—2015 年，青杆+白杆+油松林、榆树+乌柳林与刺槐+油松林（S3）乔木单株生物量分别增长 5. 84kg、5. 49kg 与 3. 48kg，而刺槐纯林、刺槐+油松林（S1）与刺槐+榆树+臭椿林乔木单株生物量分别降低 0. 2kg、0. 41kg 与 1. 38kg。不同样地刺槐、油松、榆树单株生物量在 2010—2015 年也发生了明显变化。刺槐+油松林（S3）中刺槐单株生物量增长最大（7. 45kg），其次为刺槐+榆树+臭椿林（1. 21kg），刺槐纯林增长最小（0. 17kg），而刺槐+油松林（S1）中刺槐单株生物量降低 0. 75kg。青杆+白杆+油松林中油松单株生物量增长最大（16. 95kg），其次为刺槐+油松林（S1，9. 54kg），刺槐+油松林（S3）中油松单株生物量增长最小（8. 57kg）。青杆+白杆+油松林与榆树+乌柳林中榆树单株生物量分别增长 14. 94kg

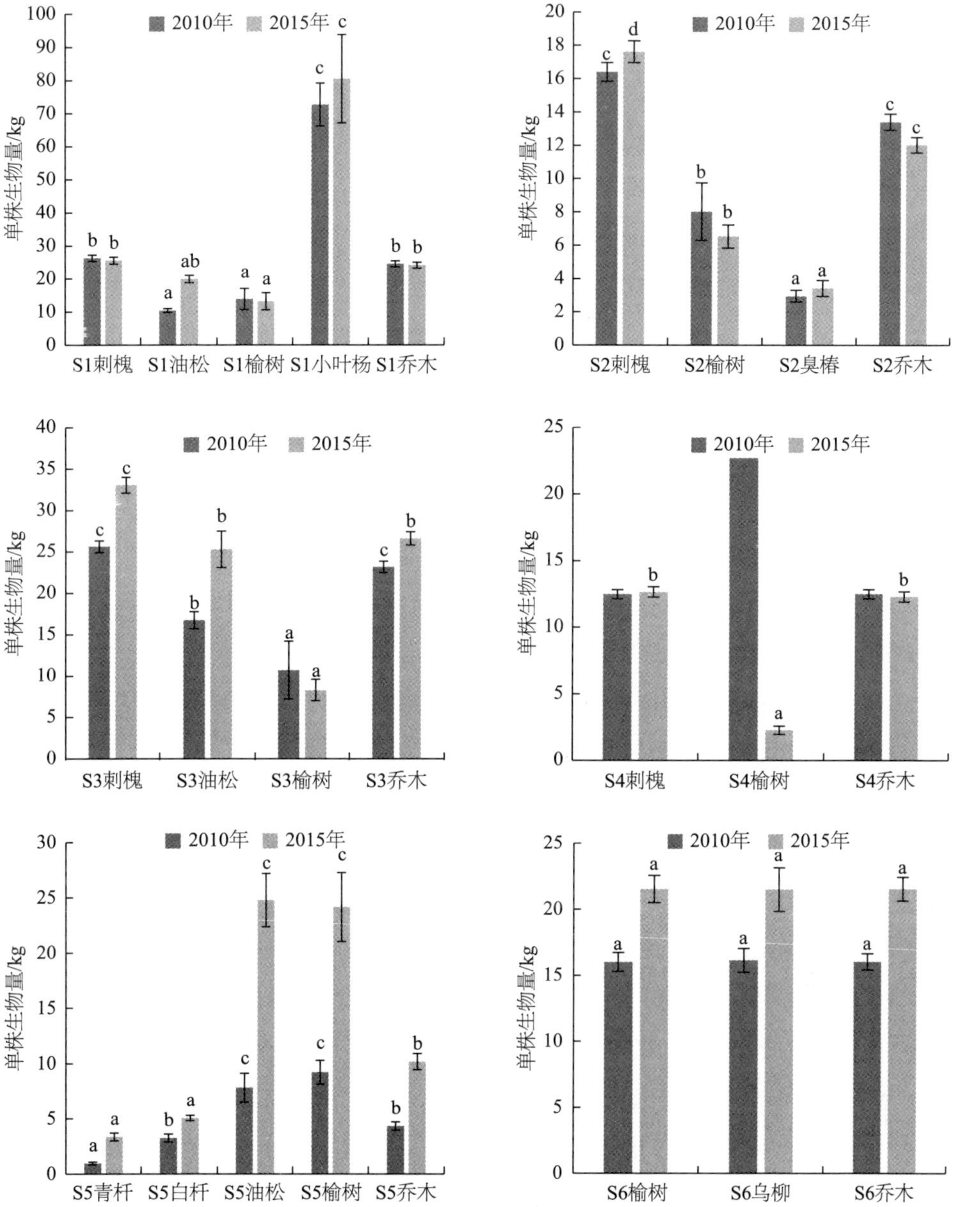

注：图中不同小写字母表示差异显著

图 5－4　不同样地乔木单株生物量

与 5.52kg，而刺槐+油松林（S1）、刺槐+榆树+臭椿林、刺槐+油松林（S3）与刺槐纯林中榆树单株生物量分别降低 0.68kg、1.49kg、2.4kg 与 20.45kg。除了主要乔木外，2010—2015 年小叶杨、乌柳、青杆、白杆与臭椿单株生物量分别增长 7.75kg、5.35kg、2.4kg、1.8kg 与 0.47kg。

2. 乔木生物量

从年度来看（图 5－5），2010 年与 2015 年刺槐+油松林（S3）乔木生物量均最大（34.99t/hm^2，53.51t/hm^2），其次为刺槐+油松林（S1），刺槐+榆树+臭椿林、刺槐纯林与榆树+乌柳林次之，青杆+白杆+油松林乔木生物量最小（2.98t/hm^2，9.43t/hm^2）。不同样地刺槐、油松、榆树生物量也存在明显差异。2010 年与 2015 年刺槐+油松林（S3）中刺槐单株生物量最大（30.38t/hm^2，44.38t/hm^2），其次为刺槐+油松林（S1），刺槐纯林次之，刺槐+榆树+臭椿林中刺槐生物量均最小（19.38t/hm^2，22.43t/hm^2）。2010 年刺槐+油松林（S3）中油松生物量最大（3.15t/hm^2），刺槐+油松林（S1）次之，青杆+白杆+油松林中油松生物量最小（1.13t/hm^2）。2015 年刺槐+油松林（S3）中油松生物量最大（5.37t/hm^2），青杆+白杆+油松林次之，刺槐+油松林（S1）中油松生物量最小（4.67t/hm^2）。2010 年榆树+乌柳林中榆树生物量最大（15.11t/hm^2），其次为刺槐+油松林（S3、S1），刺槐+榆树+臭椿林与青杆+白杆+油松林次之，刺槐纯林中榆树生物量最小（0.05t/hm^2）。2015 年榆树+乌柳林中榆树生物量最大（20.45t/hm^2），其次为刺槐+榆树+臭椿林，刺槐+油松林（S3、S1）与青杆+白杆+油松林次之，刺槐纯林中榆树生物量最小（0.17t/hm^2）。

从年际变化来看（图 5－5），2010—2015 年，刺槐+油松林（S3）乔木生物量增长最大（18.52t/hm^2），其次为刺槐+榆树+臭椿林（7.75t/hm^2），刺槐纯林、青杆+白杆+油松林与榆树+乌柳林次之，分别增长 6.67t/hm^2、6.45t/hm^2 与 6.28t/hm^2，刺槐+油松林（S1）乔木生物量增长最小（3.98t/hm^2）。不同样地刺槐、油松、榆树生物量在 2010—2015 年也发生了明显变化。刺槐+油松林（S3）中刺槐生物量增长最大（14.00t/hm^2），其次为刺槐纯林（6.64t/hm^2），刺槐+榆树+臭椿林次之（3.05t/hm^2），刺槐+油松林（S1）中刺槐生物量增长最小（2.44t/hm^2）。青杆+白杆+油松林中油松生物量增长最大（4.02t/hm^2），刺槐+油松林（S1，S3）中油松生物量增长量相同，均为 2.22t/hm^2。榆树+乌柳林中榆树生物量增长最大（5.34t/hm^2），其次为刺槐+榆树+臭椿林（4.47t/hm^2）与刺槐+油松林（S3，2.31t/hm^2），刺槐+油松林（S1，1.18t/hm^2）与青杆+白杆+油松林（0.76t/hm^2）次之，刺槐纯林中榆树生物量增长最小（0.12t/hm^2）。除了主要乔木外，2010—2015 年白杆、乌柳、青杆与臭椿生物量分别增长 0.96t/hm^2、0.94t/hm^2、0.71t/hm^2 与 0.23t/hm^2，而小叶杨由于数量大量减少，其生物量降低 1.86t/hm^2。

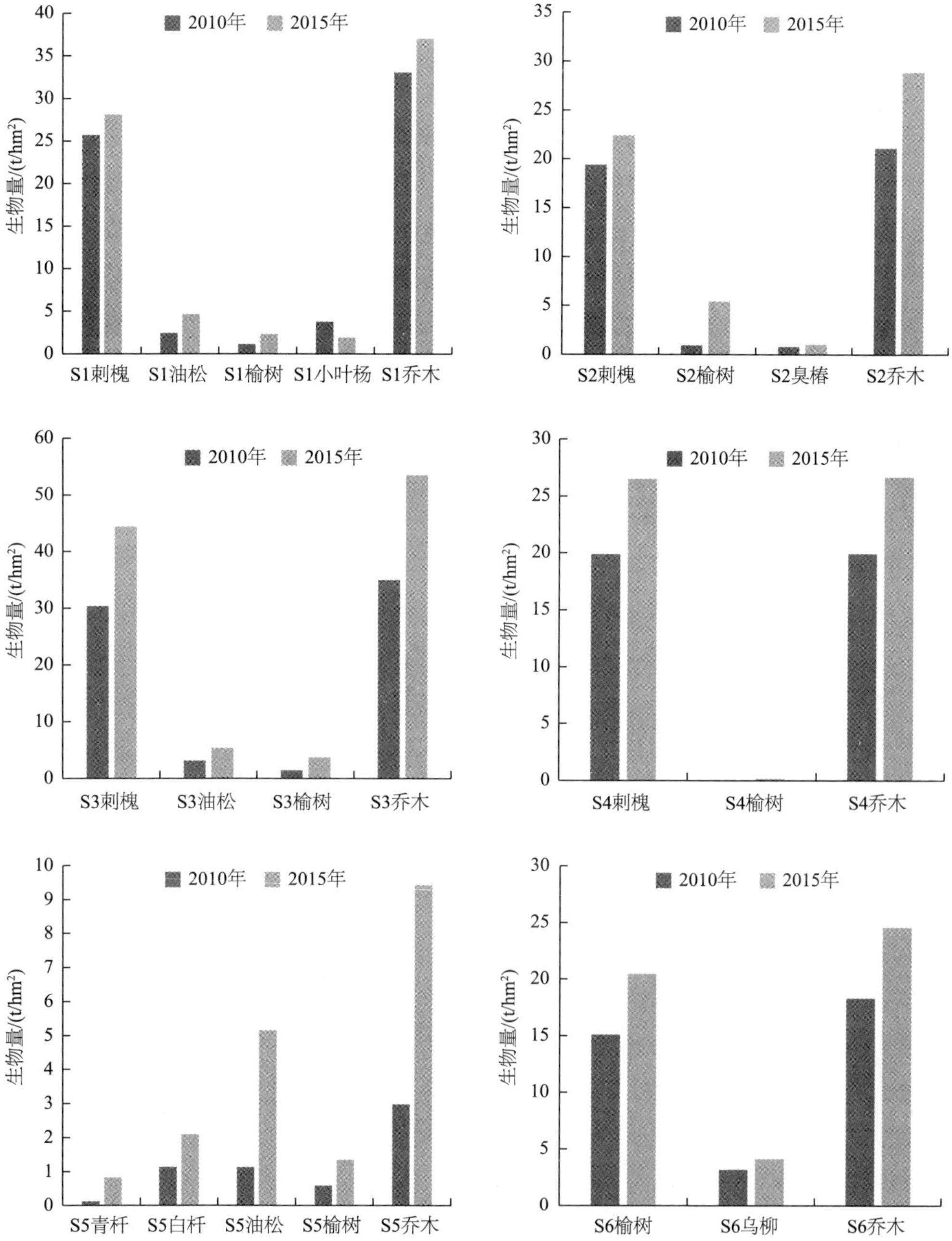

图 5－5　不同样地乔木生物量

3. 乔木碳密度

从年度来看（图 5－6），2010 年与 2015 年刺槐+油松林（S3）乔木碳密度均最大（17.45t/hm^2，26.70t/hm^2），其次为刺槐+油松林（S1），刺槐+榆树+臭椿林、刺槐纯林与榆树+乌柳林次之，青杆+白杆+油松林乔木碳密度最小（1.49t/hm^2，4.70t/hm^2）。不同样地的刺槐、油松、榆树碳密度也存在明显差异。2010年与2015年刺槐+油松林（S3）中刺槐碳密度最大（15.16t/hm^2，22.14t/hm^2），其次为刺槐+油松林（S1），刺槐纯林次之，刺槐+榆树+臭椿林中刺槐碳密度均最小（9.67t/hm^2，11.19t/hm^2）。2010年刺槐+油松林（S3）中油松碳密度最大（1.57t/hm^2），刺槐+油松林（S1）次之，青杆+白杆+油松林中油松碳密度最小（0.56t/hm^2）。2015年刺槐+油松林（S3）中油松碳密度最大（2.68t/hm^2），青杆+白杆+油松林次之，刺槐+油松林（S1）中油松碳密度最小（2.33t/hm^2）。2010年榆树+乌柳林中榆树碳密度最大（7.54t/hm^2），其次为刺槐+油松林（S3、S1），刺槐+榆树+臭椿林与青杆+白杆+油松林次之，刺槐纯林中榆树碳密度最小（0.02t/hm^2）。2015年榆树+乌柳林中榆树碳密度最大（10.20t/hm^2），其次为刺槐+榆树+臭椿林，刺槐+油松林（S3、S1）与青杆+白杆+油松林次之，刺槐纯林中榆树碳密度最小（0.08t/hm^2）。

从年际变化来看（图5-6），2010—2015年，刺槐+油松林（S3）乔木碳密度增长最大（9.20t/hm^2），其次为刺槐+榆树+臭椿林（3.86t/hm^2），刺槐纯林、青杆+白杆+油松林与榆树+乌柳林次之，分别增长3.37t/hm^2、3.21t/hm^{2}与3.13t/hm^2，刺槐+油松林（S1）乔木碳密度增长最小（1.99t/hm^2）。不同样地刺槐、油松、榆树碳密度在2010—2015年也发生了明显变化。刺槐+油松林（S3）中刺槐碳密度增长最大（6.98t/hm^2），其次为刺槐纯林（3.31t/hm^2），刺槐+榆树+臭椿林次之（1.52t/hm^2），刺槐+油松林（S1）中刺槐碳密度增长最小（1.21t/hm^2）。青杆+白杆+油松林中油松碳密度增长最大（2.01t/hm^2），刺槐+油松林（S1，S3）中油松碳密度增长量相同，均为1.11t/hm^2。榆树+乌柳林中榆树碳密度增长最大（2.48t/hm^2），其次为刺槐+榆树+臭椿林（2.23t/hm^2）与刺槐+油松林（S3，1.15t/hm^2），刺槐+油松林（S1，0.59t/hm^2）与青杆+白杆+油松林（0.38t/hm^2）次之，刺槐纯林中榆树碳密度增长最小（0.06t/hm^2）。除了主要乔木外，2010—2015年白杆、乌柳、青杆与臭椿碳密度分别增长0.48t/hm^2、0.47t/hm^2、0.35t/hm^{2}与0.11t/hm^2，而小叶杨碳密度降低0.93t/hm^2。

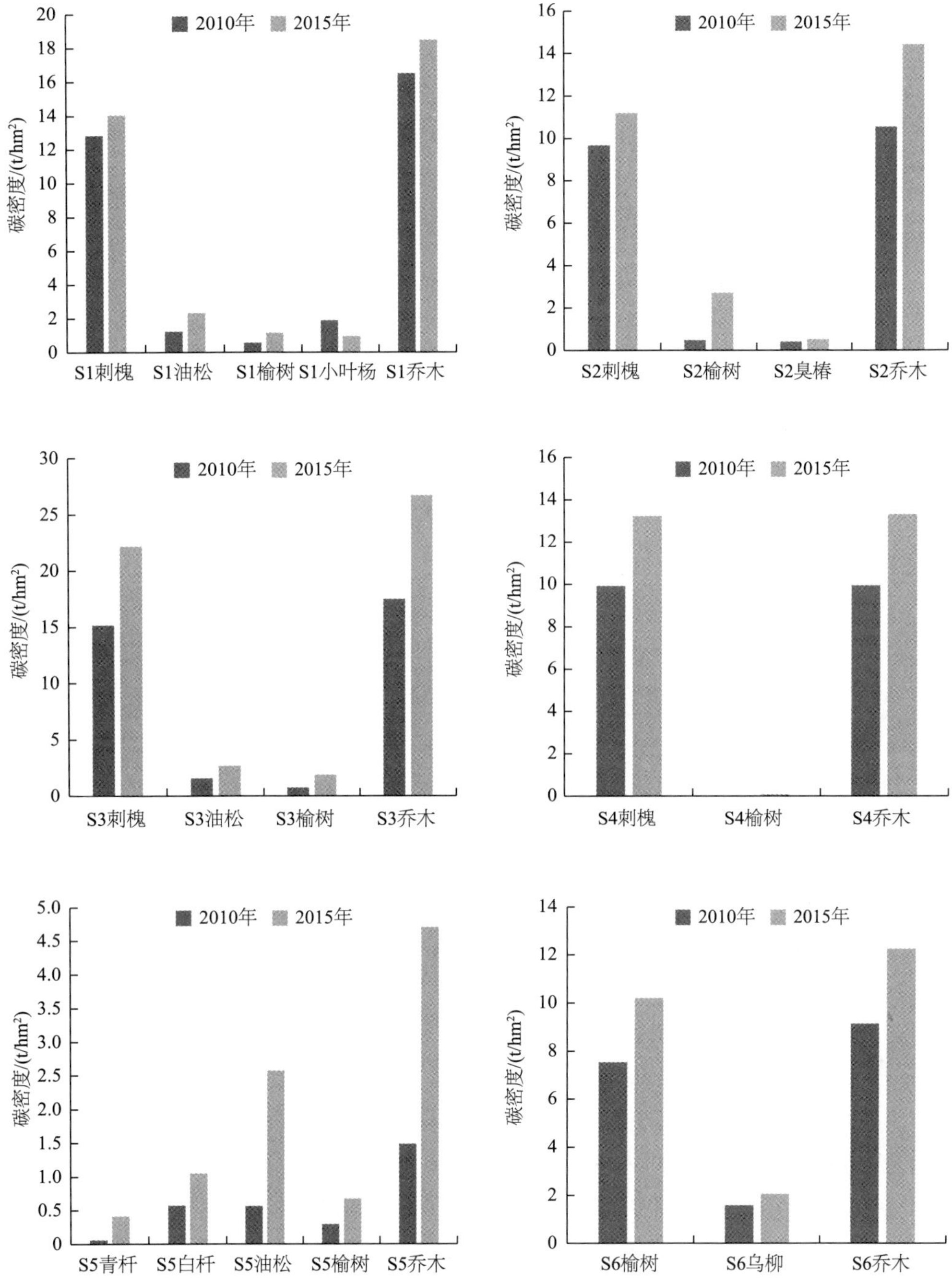

图 5-6 不同样地乔木碳密度

（三）乔木指标与环境因子的相关性

1. 乔木指标与气候因子的相关性

从表 5－2 中可以看出，乔木生物量、乔木碳密度均与乔木密度（0.633*，$P<0.05$）显著正相关，与单株生物量（0.859**，$P<0.01$）极显著正相关，且乔木碳密度与乔木生物量（1.000**，$P<0.01$）为极显著正相关关系。月均最高温度、月均最低温度与月降水量间均存在极显著正相关关系，但除乔木密度与月降水量（0.676*，$P<0.05$）显著正相关外，单株生物量、乔木生物量及乔木碳密度与气候因子相关性均不显著。

表 5－2　乔木指标与气候因子的相关性

	TD	*PBM*	*TBM*	*TCD*	MHT	MLT
PBM	0.220					
TBM	0.633*	0.859**				
TCD	0.633*	0.859**	1.000**			
MHT	0.238	－0.225	0.033	0.033		
MLT	0.249	－0.162	0.082	0.082	0.975**	
MP	0.676*	－0.041	0.314	0.314	0.495**	0.555**

注：TD：乔木密度，*PBM*：单株生物量，*TBM*：乔木生物量，*TCD*：乔木碳密度，MHT：月均最高温度，MLT：月均最低温度，MP：月降水量。

显著度：* $P<0.05$，** $P<0.01$。

2. 乔木指标与土壤因子的相关性

乔木密度、单株生物量、乔木生物量与乔木碳密度除与土壤速效磷、土壤含水量与土壤容重显著相关外，与其他土壤因子相关性不显著（表5－3）。乔木密度仅与土壤速效磷（0.576*，$P<0.05$）显著正相关。单株生物量不仅与土壤速效磷（0.615*，$P<0.05$）显著正相关，还与土壤容重（－0.734**，$P<0.01$）呈极显著负相关。乔木生物量、乔木碳密度与土壤速效磷（0.768**，$P<0.01$）极显著正相关，与土壤含水量（0.673*，$P<0.05$）显著正相关，而与土壤容重（－0.766**，$P<$

0.01）极显著负相关。

表 5－3　乔木指标与土壤因子的相关性

	SOC	pH	TP	AP	TN	AN	SMC	FMC	BD
TD	－0.404	－0.543	0.266	0.576*	0.376	0.293	－0.532	0.188	－0.291
PBM	－0.229	－0.030	0.191	0.615*	0.110	0.141	0.500	0.462	－0.734**
TBM	－0.381	－0.358	0.025	0.768**	0.350	0.264	0.673*	0.245	－0.766**
TCD	－0.381	－0.358	0.025	0.768**	0.350	0.264	0.673*	0.245	－0.766**

注：SOC：土壤有机碳，pH：酸碱度，TP：全磷，AP：速效磷，TN：全氮，AN：碱解氮，SMC：土壤含水量，FMC：田间持水量，BD：容重。

显著度：* $P<0.05$，** $P<0.01$。

四、讨论

乔木层作为人工林的优势层片，其结构特征直接影响着人工林功能的发挥。因此，对乔木密度、胸径及高度进行监测与研究对后续开展乔木生物量与碳密度研究而言非常重要。不同人工林乔木密度、胸径与高度各不相同，即使是同一种乔木，在不同人工林中其结构也不相同。2010—2015 年，人工林中胸径大于 2cm 的乔木密度均有增加，尤其是阔叶乔木密度增加较多，说明大量幼苗在 5 年间逐步成长为幼树。随着幼树数量增多，部分乔木平均胸径与高度有所下降，但乔木生物量与碳密度均增长明显，这些现象表明安太堡露天煤矿复垦区人工林已由中龄林阶段逐渐进入成熟林阶段（许友，2012）。乔木已逐步由胸径与树高速生时期进入材积增长期，此时人工林已形成稳定的冠层，有利于林下幼苗及幼树的生长发育，形成次林层。为防止人工林乔木拥挤过密，仍需通过人工抚育进行调节，间伐过多的幼苗及妨碍乔木生长的不良立木，为人工林创造良好的生存环境，维持稳定的群落结构。

碳密度不仅是人工林生态系统固碳能力的关键指标，也是评估其碳储量的重要依据（殷博等，2019；沈彪等，2015）。乔木层碳密度是衡量人工林固碳能力及碳汇的主体，对其进行研究，可初步掌握人工林碳储量状况，比较复垦区植被恢复模式的优劣。对安太堡露天煤矿人工林乔木层碳密度研究结果显示：刺槐+油松林乔木层碳密度最高，其次为刺槐+榆树+臭椿林、刺槐纯林与榆树+乌柳林，青杆+白杆+油松林乔木层碳密度最低，且其年均增长率也保持相同的变化规律，表明针阔混交模式最佳，阔叶混交林与阔叶纯林模式优于针叶混交林，与之前学者的研究结果一致。刺槐+油松林乔木密度最低，且油松生长缓慢，刺槐生长迅速，两者形成了不同的林层，可以充分利用自然资源，促进林分正向发育。榆树能在刺槐+油松林中大量定居，也从侧面印证了其空间结构适宜乔木生长。刺槐纯林层单一，加之乔木密度较大，乔木之间竞争关系增强，营养空间减少，致使单株刺槐生物量较低。刺槐+榆树+臭椿林乔木密度最大，其碳密度略高于刺槐纯林，一方面是因为不同树种对自然资源的需求不同，乔木之间可以优势互补、协同共生，另一方面是大量榆树幼苗成长为榆树幼树，提高了整个林分的碳储量。青杆+白杆+油松林均为针叶树种，本就生长缓慢，加之同类型树种间存在竞争关系，使得该人工林乔木生物量与碳密度最低。

人工林乔木层碳密度不仅与乔木结构紧密相关，而且还与气候、乔木密度、乔木类型、土壤条件等关系密切。乔木密度的改变，不仅引起了林内光照、土壤温度及水分的变化（代林利等，2022），还引起了乔木胸径与树高结构等一系列变化，是引起不同人工林乔木层碳密度差异的主要因素。乔木类型也是影响碳密度的重要因素之一（牛春梅等，2017），不同树种因其生理特点的差异，即使在同一区域环境中不同树种所接受到的水、热、营养等条件也存在差异，致使其碳汇能力呈现出差异。除此之外，土壤条件对乔木碳密度的影响也不容忽视，其中土壤容重、含水量与速效磷显著影响乔木碳汇能力。由于本研究区域的特殊性，复垦区土壤是人工堆砌形成的，土壤表层经过机械碾压，与天然土壤相比，土壤容重偏大，进而引起土壤物理结构的改变，致使土壤养分含量偏低（Guo et al.，2020）。速效磷参与多种土壤生化反应与物质循环，是土壤肥力的重要指标之一（Guo et al.，2022）。复垦区土壤速效磷与天然土壤相比含量较低，因此，速效磷含量高的土壤相对而言养分条件较好，该区域的乔木生物量与碳密度较高。本研究中乔木碳密度受气候因素的影响不显著，但乔木密度与月降水量显著相关，一方面说明气候因素与其他因素彼此交互作用，间接影响乔木层碳密度，另一方面可能是研究区域范围与年度跨度较小，气候条件变化不大，在本研究区域气候因子不是制约复垦区乔木层碳密度的主要因子。

本研究仅分析了6年间安太堡露天煤矿复垦区人工林乔木层碳密度变化规律，今后还有待于对其各组分生物量、碳含量及碳密度做进一步的跟踪研究。由于植被碳密度的差异是温度、水分等气候因子与林分密度、林龄等林分因子，以及海拔、坡度、土壤等立地条件综合作用的结果（Zald et al.，2016），因此在进行较大尺度森林生态系统碳密度的研究时，要综合考虑地形、环境因子、林分因子以及人为管理因素等，在进行碳密度估算时，不同的植被类型使用其相应的碳含量才能够减小估算误差，更加精确地估算植被碳密度。

五、结论

2010—2015 年，安太堡露天煤矿复垦区人工林乔木密度、胸径与高度的量变引起了其乔木层生物量与碳密度的显著变化。刺槐+油松林（S3）乔木碳密度最大，其次为刺槐+油松林（S1），刺槐+榆树+臭椿林、刺槐纯林与榆树+乌柳林次之，青杆+白杆+油松林乔木碳密度最小。刺槐+油松林（S3）乔木碳密度增长最大，其次为刺槐+榆树+臭椿林，刺槐纯林、青杆+白杆+油松林与榆树+乌柳林次之，刺槐+油松林（S1）乔木碳密度增长最小。

人工林中不同乔木碳密度在 2010—2015 年也发生了明显变化。刺槐是刺槐+油松林（S3、S1）、刺槐+榆树+臭椿林与刺槐纯林中固碳的主要乔木，其中刺槐+油松林（S3）中刺槐碳密度最大，刺槐+油松林（S1）与刺槐纯林次之，刺槐+榆树+臭椿林中刺槐碳密度最小；刺槐+油松林（S3）中刺槐碳密度增长最大，刺槐纯林与刺槐+榆树+臭椿林次之，刺槐+油松林（S1）中刺槐碳密度增长最小。油松是青杆+白杆+油松林中固碳的主要乔木，其在刺槐+油松林（S3）中碳密度较大，在刺槐+油松林（S1）与青杆+白杆+油松林中碳密度较小；青杆+白杆+油松林中油松碳密度增长最大，刺槐+油松林（S1，S3）中油松碳密度增长量相同。榆树是榆树+乌柳林中固碳的主要乔木，作为定居树种，榆树在刺槐+油松林（S3、S1）中碳密度及其增长量均较大，青杆+白杆+油松林次之，在刺槐纯林中碳密度及其增长量均最小。除了主要乔木外，白杆、乌柳、青杆与臭椿碳密度增长缓慢，小叶杨碳密度降低。

乔木碳密度与乔木密度（$P<0.05$）显著正相关，与单株生物量（$P<0.01$）极显著正相关，且乔木碳密度与乔木生物量（$P<0.01$）为极显著正相关关系，但与气候因子相关性不显著。乔木碳密度除与土壤速效磷、土壤含水量与土壤容重显著相关外，与其他土壤因子相关性不显著。

第六章

人工林土壤呼吸动态特征

一、引言

土壤呼吸（*R*）是指土壤向大气排放 CO_2 的过程，是土壤有机碳输出的主要形式，从严格意义上讲是指未受扰动的土壤中产生 CO_2 的所有代谢作用（曹裕松等，2004），是全球碳循环的重要组成部分（William et al.，2000）。土壤呼吸包括植物根系呼吸、土壤微生物呼吸和土壤无脊椎动物呼吸 3 个生物学过程和土壤含碳物质化学氧化 1 个非生物学过程（唐凯等，2008），主要是由微生物和土壤动物的异养呼吸（Heterotrophic Respiration，R_H）及根系的自养呼吸（Autotrophic Respiration，R_A）组成（Andersen et al.，2005；Ryan et al.，2005）。据研究，全球每年由土壤释放的 CO_2 量远远高于由燃料燃烧而释放的 CO_2 量，因此开展土壤呼吸及其对全球变化响应的研究具有重要意义。

随着全球碳循环成为研究热点（Keeling，1997；吴建国和徐德应，2004），土壤碳库作为陆地生态系统最大的碳库也受到了广泛关注。土壤呼吸释放 CO_2 的过程是在土壤物理、化学和生物等多种因素作用下完成的，因此，土壤呼吸率与土壤质量密切相关（崔玉亭等，1997）。土壤呼吸是土壤生物活性指标，在一定程度上反映了土壤养分转化和供应能力，尤其是基础土壤呼吸部分，反映了土壤的生物学特性和土壤物质的代谢强度（Jakub et al.，2004；Nael et al.，2004），它受土壤的理化性质以及植被类型等因素的影响（Raich 和 Tufekciogul，2000；Sanchez et al.，2002；Fang 和 Moncrieff，2001）。在进行净生态系统生产力估算（Gower et al.，2001）、土壤有机物评价、土壤的碳净存留量等研究中，均需要量化 R_H和 R_A（Kuzyakov 和 Blagodatskaya，2015）。由于土壤呼吸作用复杂多变，将根呼吸从土壤呼吸中分离出来，进行精准测定一直是困扰研究者的难题。目前根呼吸测定主要有直接测定法、有根与无根比较测定法、稳定或者放射性同位素技术测定3种方法（杨金艳和王传宽，2006）。

近年来，煤矿复垦工作取得了显著进展，关于矿区复垦地脆弱生态系统的土壤理化性质等质量特征（Heneghan et al.，2008；卞正富，2004；笪建原等，2005）及植被群落演替特征方面均有较为详尽的研究报道（Li et al.，2008；许建伟等，2010），而关于露天煤矿复垦区不同复垦模式对土壤呼吸影响的研究甚少。本章以安太堡露天煤矿复垦区人工林样地为研究对象，通过对各样地土壤呼吸及其组分的日变化与季节动态进行跟踪测定，分析各样地土壤呼吸强度及其原因，旨在为矿区复垦土地质量评价、复垦模式的筛选提供数据支撑，同时为复垦地人工林土壤碳库和碳循环提供理论参考。

二、研究方法

（一）样地设置

选择安太堡露天煤矿复垦区典型人工林作为长期定点观测样地（表6-1），每块样地面积0.5hm^2，采用全站仪将样地测设为50个样方（10m×10m），每个样方再划分为4个小样方（5m×5m），在每个小样方左下角划分出1个草本样方（1m×1m）。记录各人工林样地乔木种植模式、种植时间、海拔、地形、立地条件等。

表6-1 人工林样地基本概况

样地	种植模式	种植时间	地形	海拔/m	立地条件
S1	刺槐+油松	1992年	斜坡	1360	土石混排
S2	刺槐+榆树+臭椿	1992年	平台	1380	土石混排
S3	刺槐+油松	1992年	斜坡	1380~1460	土石混排
S4	刺槐纯林	1994年	平台	1420	土石混排
S5	青杆+白杆+油松	1994年	平台	1460	表层覆土
S6	榆树+乌柳	1994年	平台	1460	表层覆土

（二）土壤呼吸测定

2010年10月在每块人工林长期定点观测样地内按“S”或“W”形确定的10个土壤呼吸测定样方（10m×10m），每个样方内分别用PVC管（直径30cm，高10cm）确定2个测量位点，将PVC管埋于土中，露出地面3cm，在其中1个测量位点旁做去根处理。去根处理的具体做法为：挖一个长宽高分别为30cm的土柱，放入隔离圈（PVC管，直径30cm，高30cm），将挖出的土柱按从表层到底层的顺序放于塑料布上，拣除土中根系，并按原土壤层次回填入隔离圈内。

2011年选择植物生长季5～10月，每月中旬选择天气状况比较稳定日，采用美国LI－COR公司生产的LI－6400便携式光合作用测量系统连接LI－6400－09土壤呼吸室对各测量位点进行土壤呼吸测定。S2、S3、S5长期定点观测样地进行土壤呼吸日变化测定。从8：00～18：00，每2h测定1次，重复3次，每一个月测定5d。在每次测量的前1d，将土壤圈（PVC管，直径10cm，高5cm）插入测量点，同时将土壤圈内的植物齐地表剪下，尽量不扰动土壤。鉴于前期安太堡露天煤矿复垦区土壤呼吸试验证明，5cm较10cm深度的土壤温度、水分与土壤呼吸的相关性高（卢宁等，2010），因此，本试验中只测定了土壤5cm处的水分与温度。5cm深度的土壤温度用LI－6400便携式光合作用测量系统的土壤温度探针测定，5cm深度的土壤含水量由EC50水分仪测定。

（三）数据分析

采用SPSS统计分析软件包（SPSS 17.0 for Windows，Chicago，USA）分析不同月份、不同样地间土壤水分、温度及土壤呼吸的显著性，并对土壤呼吸与土壤水分、温度的关系进行回归分析，用线性和非线性方程分析土壤呼吸与土壤温度、水分的关系。土壤呼吸与土壤因子的主成分分析（PCA）使用CANOCO 4.5软件完成。土壤数据来源于第四章。

土壤自养呼吸贡献率（R_AC）计算：

$$R_AC（\%）=（R-R_H）/R\times100。$$

三、研究结果

（一）土壤呼吸速率日变化

从图 6－1 可以看出，不同月份 S2、S3 与 S5 样地土壤呼吸速率与土壤异养呼吸速率日变化规律不同。S3 样地在各月份中土壤呼吸值均高于 S2 与 S5 样地，除 7 月与 8 月外，S3 样地其他月份土壤异养呼吸值也均高于 S2 与 S5 样地，且土壤异氧呼吸速率低于土壤呼吸速率。S2、S3 与 S5 样地不同月份日变化幅度均为在 6、7、8 月较大，最低值出现在 18：00，最高值出现在 9：00～14：00；5、9、10 月日变化幅度较小，最低值出现在 8：00，最高值出现在 10：00～16：00。

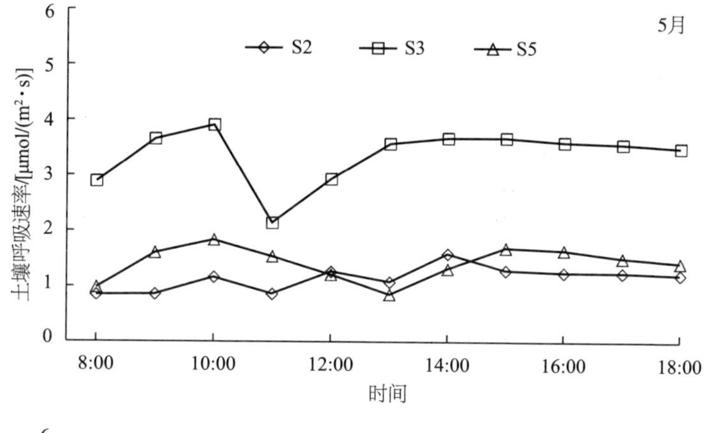

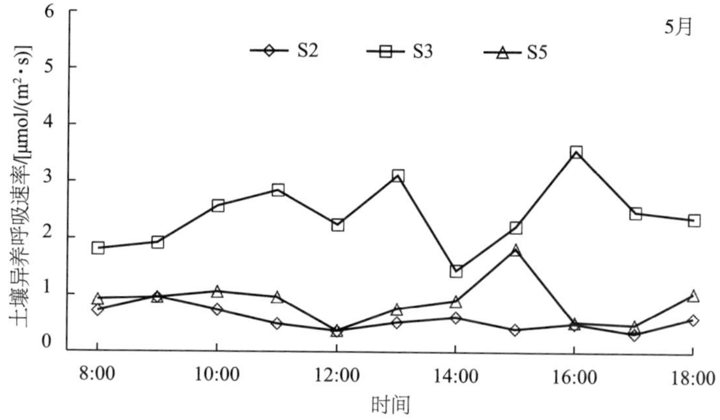

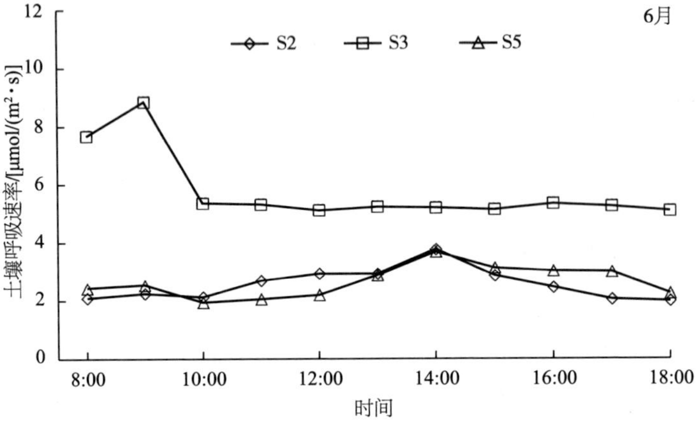
6月
S2
S3
S5
土壤呼吸速率/[μmol/(m²·s)]
0
2
4
6
8
10
12
8:00
10:00
12:00
14:00
16:00
18:00
时间

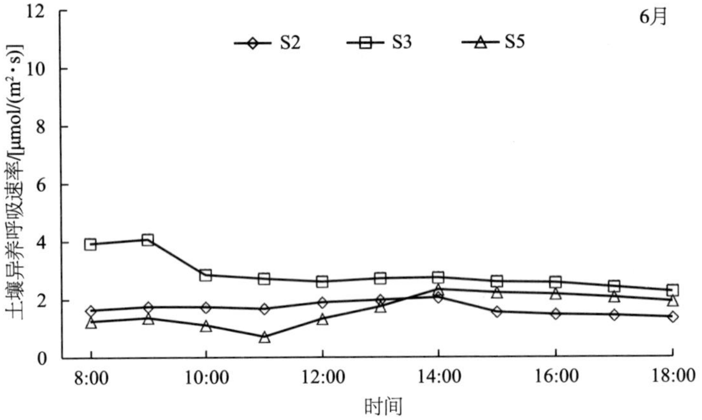
6月
S2
S3
S5
土壤异养呼吸速率/[μmol/(m²·s)]
0
2
4
6
8
10
12
8:00
10:00
12:00
14:00
16:00
18:00
时间

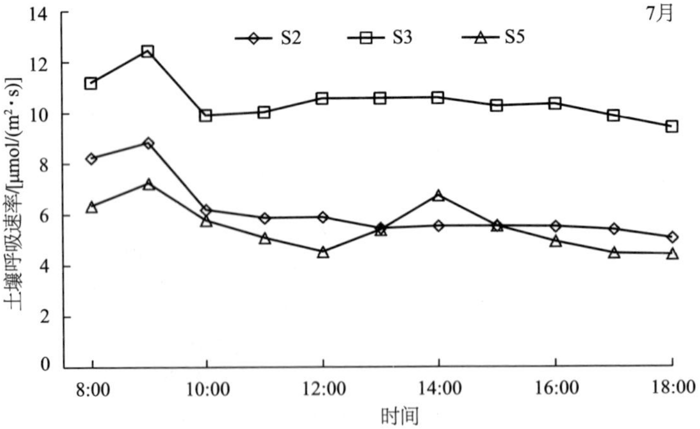
7月
S2
S3
S5
土壤呼吸速率/[μmol/(m²·s)]
0
2
4
6
8
10
12
14
8:00
10:00
12:00
14:00
16:00
18:00
时间

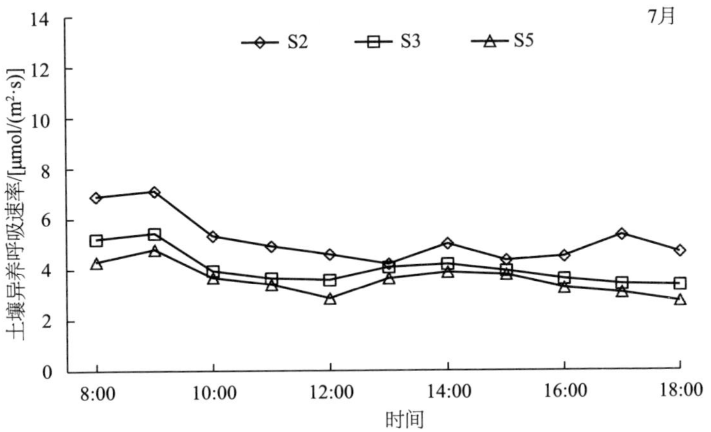
7月
S2
S3
S5
土壤异养呼吸速率/[μmol/(m²·s)]
时间
0
2
4
6
8
10
12
14
8:00
10:00
12:00
14:00
16:00
18:00

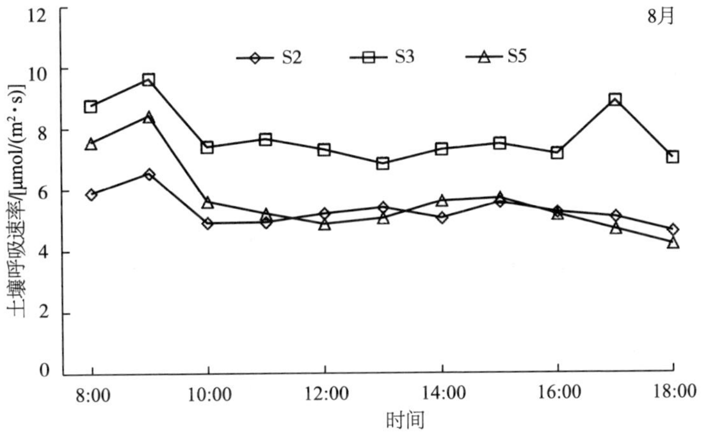
8月
S2
S3
S5
土壤呼吸速率/[μmol/(m²·s)]
时间
0
2
4
6
8
10
12
8:00
10:00
12:00
14:00
16:00
18:00

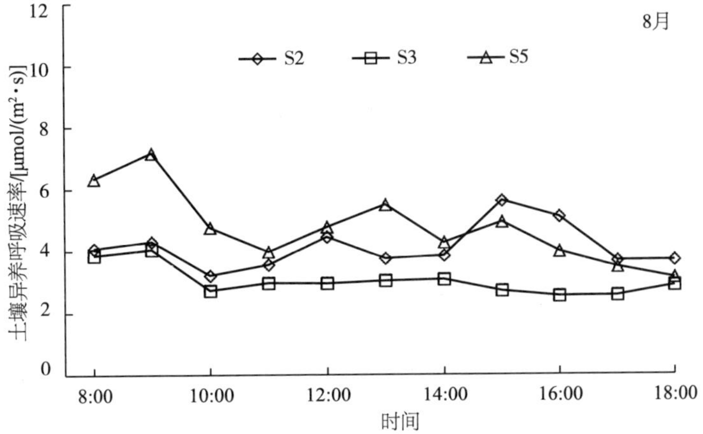
8月
S2
S3
S5
土壤异养呼吸速率/[μmol/(m²·s)]
时间
0
2
4
6
8
10
12
8:00
10:00
12:00
14:00
16:00
18:00

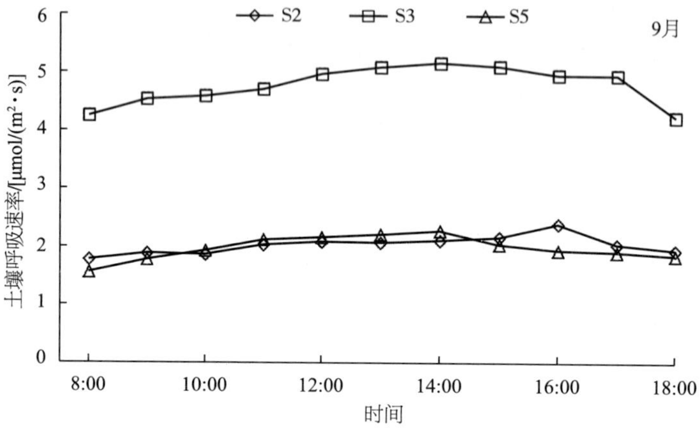
S2
S3
S5
9月
6
5
4
3
2
1
0
土壤呼吸速率/[μmol/(m²·s)]
8:00
10:00
12:00
14:00
16:00
18:00
时间

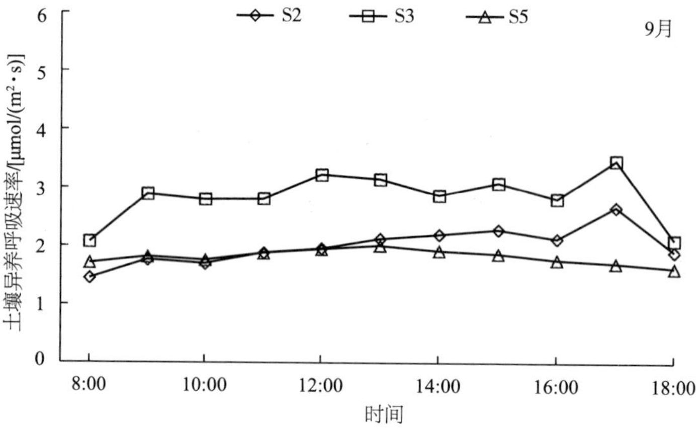
S2
S3
S5
9月
6
5
4
3
2
1
0
土壤异养呼吸速率/[μmol/(m²·s)]
8:00
10:00
12:00
14:00
16:00
18:00
时间

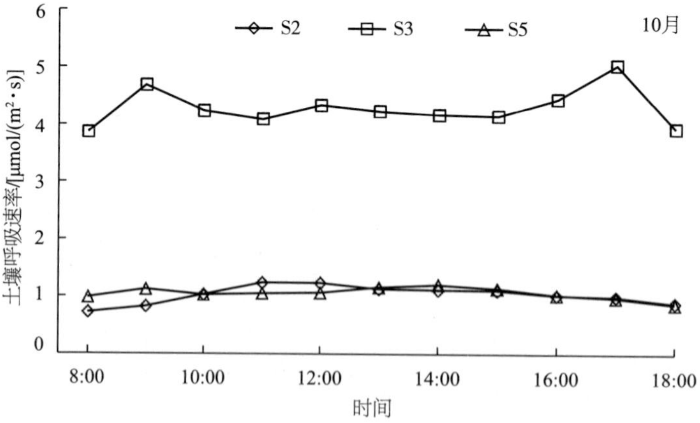
S2
S3
S5
10月
6
5
4
3
2
1
0
土壤呼吸速率/[μmol/(m²·s)]
8:00
10:00
12:00
14:00
16:00
18:00
时间

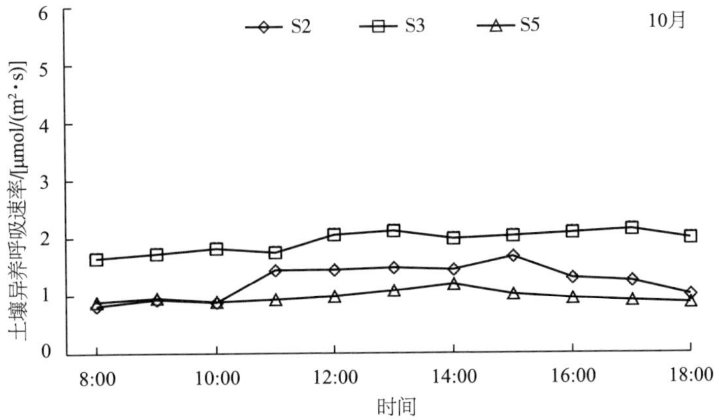

图 6－1　不同月份 S2、S3 与 S5 样地土壤呼吸与土壤异养呼吸日变化

同一月份 S2、S3、S5 样地土壤呼吸速率与土壤异养呼吸速率日变化又有各自的特点。5 月，S3 样地土壤呼吸速率除在 8：00 与 11：00 时处于低谷外，白天几乎处于一个相对稳定的状态，但其土壤异养呼吸却呈现出较大的波动。S5 样地土壤呼吸速率与异养呼吸速率日变化呈现出双峰波动曲线，而 S2 样地土壤呼吸速率与异养呼吸日变化为小幅度波动曲线。6 月，S3 样地土壤呼吸速率在 9：00 出现一个峰值，之后处于平缓状态，而 S2 与 S5 样地土壤呼吸速率仅在 14：00 出现一个较小峰值，整体波动幅度不大。三块样地土壤异氧呼吸速率与土壤呼吸速率日变化趋势基本一致。7 月与 8 月，S2、S3、S5 样地土壤呼吸速率均为 9：00 最大，7 月日变化曲线分别为单峰型、单峰型与双峰型，8 月日变化曲线分别为单峰型、双峰型与单峰型，且土壤异养呼吸速率较土壤呼吸速率波动频繁。9 月与 10 月，S3 样地土壤呼吸速率远高于 S2 与 S5 样地，除 S3 样地外，其他两块样地土壤呼吸速率与异养呼吸速率波动较小，日变化曲线较为平缓。

（二）土壤温度与水分月变化

各长期观测样地去根系与未处理的土壤温度呈现出显著的季节变化（P<0.01），但两者之间差异不显著（0.66<P<0.99）。从图 6－2、图 6－3 可知，在整个植物生长期，各样地土壤温度均为 10 月最低，7 月最高（S4 样地除外），且 S4 样地土壤温度月均值最大（19.53℃，19.72℃），其次是 S5 样地（15.57℃，15.37℃）；土壤温度最高值出现在 6 月的 S4 样地（25.48℃，26.62℃），最低值出现在 10 月的 S6 样地（6.78℃）与 S1 样地（6.76℃）。同一月份不同样地土壤温度也呈现出显著差异（P<0.01），且去根系与未处理的土壤温度变化趋势基本一致。5 月各样地土壤温

度大小依次为 S4>S5>S1>S6>S3>S2，6 月为 S4>S5>S2>S6>S1>S3，7 月为 S4>S5>S2＝S3>S1>S6，8 月为 S4>S5>S1>S3>S6>S2，9 月为 S4>S5>S3>S2>S6>S1，10 月为 S4>S3>S2>S5>S1>S6。

各长期观测样地去根系与未处理的土壤水分呈现出显著的季节变化（$P<0.01$）。除 S2（$P=0.04$），S4（$P=0.03$）样地外，其他样地去根系与未处理土壤水分之间差异不显著（图 6－4、图 6－5）。在整个植物生长期，总体来看，各样地土壤水分在夏季最高（6~8 月），秋季居中（9~10 月），春季最低（5 月）。各样地土壤水分月均值差异不大，处于 10%~13%，且去根系土壤水分高于未处理土壤，各样地去根土壤水分月均值处于 11%~14%。7 月 S5 样地土壤水分最高（20%，19%），最低为 5 月的 S1 样地（6%，5%）。同一月份不同样地土壤水分也呈现出显著差异（$P<0.01$），且去根系与未处理的土壤温度变化趋势大致相同。5 月，S3 样地土壤水分最高，其次为 S2 样地，其他样地土壤水分较低。6 月，S3 与 S5 样地土壤水分较高，S1 与 S6 样地次之，S2 与 S4 样地土壤水分较低。7 月，S5 样地土壤水分最高，其次为 S2 样地，其他样地土壤水分较低。8 月，S4 与 S5 样地土壤水分较高，S2、S3 与 S6 样地次之，S1 样地土壤水分最低。9 月，S1、S2 与 S3 样地土壤水分较高，S4、S5 与 S6 样地土壤水分较低。10 月，S2、S4 与 S5 样地土壤水分较高，S1、S3 与 S6 样地土壤水分较低。

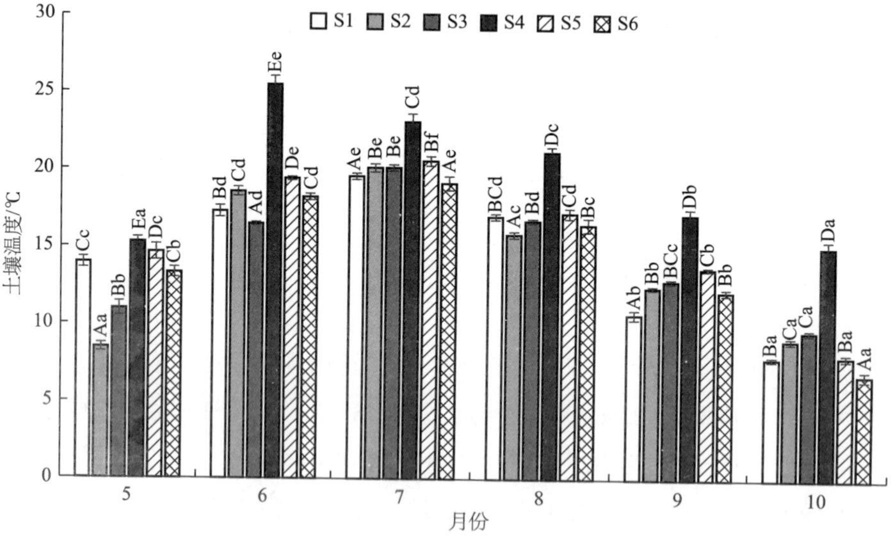

注：图中不同大写字母表示在同一月份内不同样地间土壤温度差异的显著度（$P<0.01$）；不同小写字母表示同一样地在不同月份间土壤温度差异的显著度（$P<0.01$）。

图 6－2　各样地土壤温度月变化

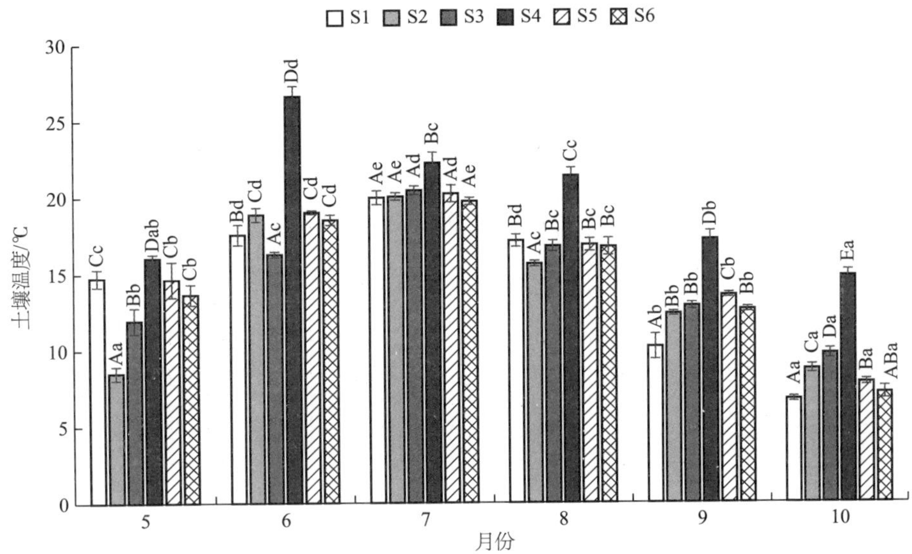

注：图中不同大写字母表示在同一月份内不同样地间去根土壤温度差异的显著度（$P<0.01$）；不同小写字母表示同一样地在不同月份间去根土壤温度差异的显著度（$P<0.01$）。

图 6-3　各样地去根土壤温度月变化

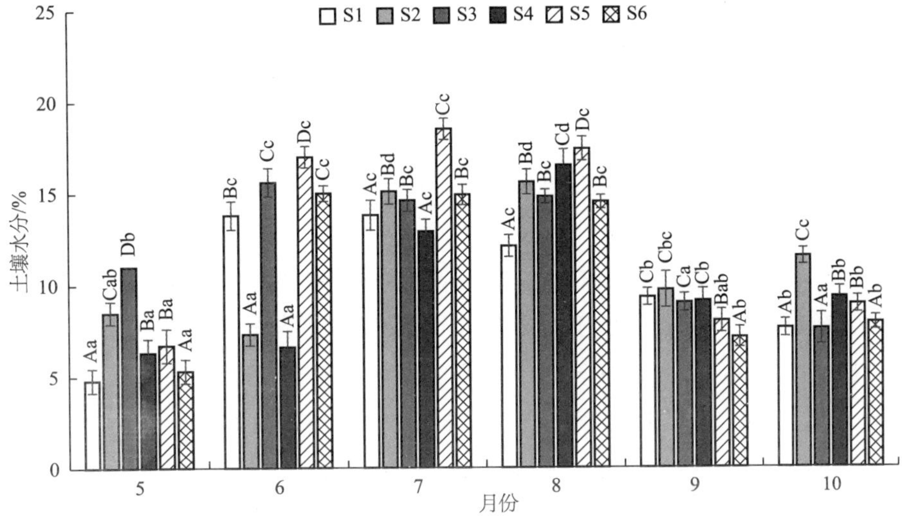

注：图中不同大写字母表示在同一月份内不同样地间土壤水分差异的显著度（$P<0.01$）；不同小写字母表示同一样地在不同月份间土壤水分差异的显著度（$P<0.01$）。

图 6-4　各样地土壤水分月变化

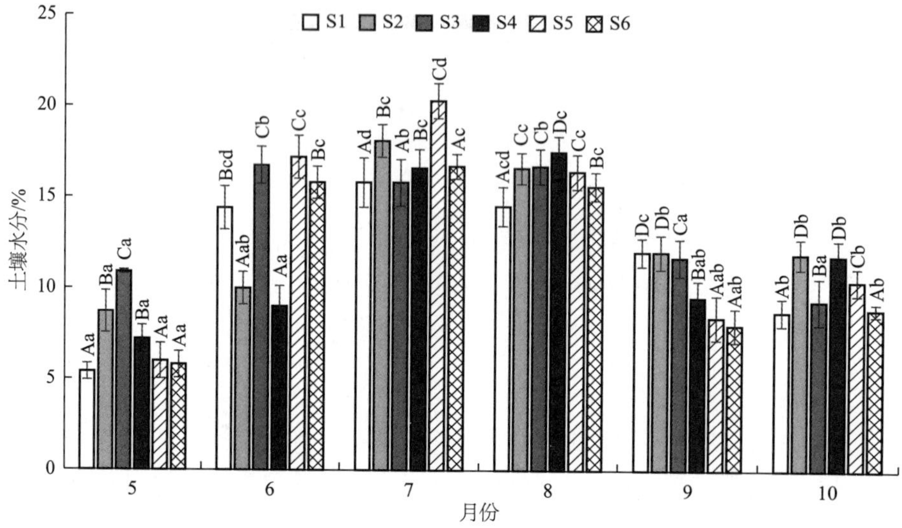

注：图中不同大写字母表示在同一月份内不同样地间去根土壤水分差异的显著度（$P<0.01$）；不同小写字母表示同一样地在不同月份间去根土壤水分差异的显著度（$P<0.01$）。

图 6－5　各样地去根土壤水分月变化

（三）土壤呼吸速率月变化

各样地土壤呼吸速率与异养呼吸速率在不同月份间存在极显著差异（$P<0.01$），且两者变化规律相似（表 6－2），即从 5 月逐渐升高，到 7、8 月达到最大值，随后逐渐降低，除 S4 样地外，10 月为最低值。植物生长季各样地土壤呼吸速率月均值从大到小依次为：S4>S3>S2>S5>S1>S6，变化幅度大小依次为 S4>S5>S2>S3>S6>S1；土壤异养呼吸速率月均值从大到小依次为：S4>S5>S3>S1>S2>S6，变化幅度大小依次为 S4>S5>S2>S1>S6>S3。同一月份不同样地间土壤呼吸速率与异养呼吸速率也存在极显著差异（$P<0.01$）。5 月，S4 样地土壤呼吸速率与异养呼吸速率均最高，其次为 S3 样地，S6 样地土壤呼吸速率最低，S1 样地异养呼吸速率最低。6 月，S4 样地土壤呼吸速率与异养呼吸速率均最高，S3 与 S1 样地次之，S2 样地最低。7 月，S4 样地土壤呼吸速率与异养呼吸速率均最高，S2 与 S5 样地次之，S6 样地土壤呼吸速率最低，S3 样地异养呼吸速率最低。8 月，S4 样地土壤呼吸速率与异养呼吸速率均最高，S1 样地土壤呼吸速率最低，S3 样地异养呼吸速率最低。9 月与 10 月，S4 样地土壤呼吸速率与异养呼吸速率均最高，S3 样地次之，S6 样地最低。

表 6-2　不同样地不同月份间土壤呼吸速率与异养呼吸速率的比较

样地		5月	6月	7月	8月	9月	10月
S1	R	1.79±0.16Aa	5.33±0.98Bb	7.17±0.69Ac	5.25±0.52Ab	1.80±0.18Aa	1.79±0.78ABa
	R_H	1.08±0.22Aa	4.31±0.53Cb	6.29±0.73ABc	4.95±0.46Ab	1.71±0.15Aa	1.02±0.10Aa
S2	R	1.61±0.21Aab	2.31±0.19Aab	9.29±0.73Ad	6.40±0.60Ac	2.70±0.28Ab	1.40±0.12Aa
	R_H	1.24±0.10Aa	1.72±0.09Aab	7.93±0.51Bd	4.66±0.53Ac	2.18±0.16ABb	1.15±0.06Aa
S3	R	4.35±1.17Bab	6.26±0.50Bab	7.67±0.70Abc	10.40±2.07Bc	5.28±1.52Bab	3.35±0.61Ba
	R_H	2.57±0.65BCab	3.73±0.61BCab	4.74±0.59Ab	4.16±1.16Ab	2.62±0.48Bab	1.89±0.37Ba
S4	R	4.89±0.71Ba	7.12±0.62Cab	13.40±0.79Bc	14.03±0.64Cc	8.17±0.85Cb	5.92±1.00Cab
	R_H	3.39±0.52Ca	6.25±0.39Dbc	11.21±0.43Cd	10.77±1.09Bd	6.90±0.39Cc	5.01±0.21Cab
S5	R	2.82±0.32Aa	2.93±0.18Ab	9.11±0.52Ad	6.41±0.51Ac	1.64±0.15Aa	0.81±0.07Aa
	R_H	1.23±0.08Aa	2.57±0.29ABb	7.91±0.50Bd	6.23±0.73Ac	1.32±0.12Aa	0.75±0.05Aa
S6	R	1.59±0.32Aa	2.42±0.18Ab	6.88±0.52Ad	5.34±0.51Ac	1.51±0.15Aa	0.77±0.07Aa
	R_H	1.13±0.08Aa	2.07±0.29ABb	5.15±0.50Ad	4.79±0.73Ac	1.12±0.12Aa	0.52±0.05Aa

注：表中数值为平均值±标准误；不同大写字母表示同一月份内不同样地间土壤呼吸速率与异养呼吸速率差异的显著度（$P<0.01$）；不同小写字母表示同一样地在不同月份间土壤呼吸速率与异养呼吸速率差异的显著度（$P<0.01$）。

（四）土壤呼吸组成成分分析

从图 6-6 中可看出，不同月份土壤异养呼吸速率（R_H）变幅较自养呼吸速率（R_A）大，异养呼吸速率变化为 1.02~11.21μmol/（m^2·s），自养呼吸速率变化范围为 0.06~6.24μmol/（m^2·s）。与土壤自养呼吸相比，各样地异养呼吸月变化明显，均为 7、8 月最强，6、9 月次之，5、10 月最低。各样地异养呼吸月均值大小依次为：S4、S5、S3、S1、S2、S6；自养呼吸月均值大小依次为：S3、S4、S2、S1、S5、S6。除 S3 样地外，各样地自养呼吸贡献率存在明显的季节变化，均为春季（5 月）、秋季（9、10 月）较大，夏季（6、7、8 月）较小。在植物生长季，S3 样地月均自养呼吸贡献率最大，为 46%；其次为 S6 样地（23%），S1 与 S2 样地次之（20%）；S4 与 S5 样地最小，仅为 19%。

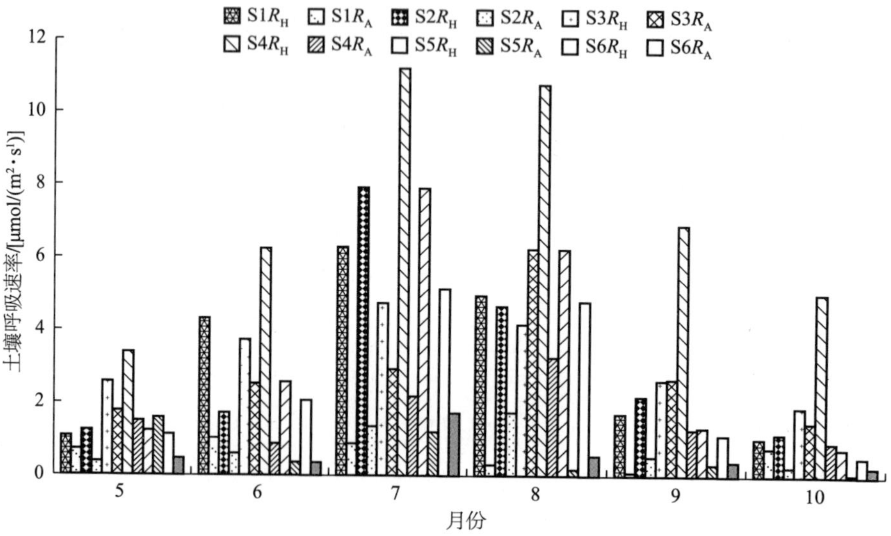

图 6－6　各样地不同月份土壤异养呼吸与自养呼吸比较

（五）土壤呼吸与温度及水分的回归分析

通过对各样地土壤呼吸（R、R_H）与土壤温度（T）、水分（W）的线性和非线性回归方程的分析，最终筛选出相关指数最高的拟合方程（表 6－3）。去除根系并没有改变土壤呼吸速率与 5cm 土壤温度与水分之间的关系，各样地土壤呼吸、异氧呼吸与土壤温度、水分单因子均分别呈幂函数、指数函数相关，且除 S3、S4 样地外，均为显著相关。总体来说，土壤异氧呼吸与水分的相关性较土壤呼吸高，与温度的相关性则较土壤呼吸低。土壤呼吸、异氧呼吸与土壤温度、水分双因子呈指数相关，相关指数较单因子方程有不同程度的提高。除 S3 样地外，均为显著相关。

表 6－3　各样地土壤呼吸与土壤温度及水分的回归方程

样地	回归方程								
	水分	R^2	P	土温	R^2	P	双因子	R^2	P
S1	$R=0.95e^{0.11W}$	0.30	0.00	$R=0.34T^{0.77}$	0.33	0.00	$R=1.22e^{0.45T}W^{0.68}$	0.46	0.00
	$R_H=0.64e^{11.96W}$	0.34	0.00	$R_H=0.24T^{0.86}$	0.31	0.00	$R_H=1.01e^{0.45T}W^{0.63}$	0.40	0.00

续表

样地	回归方程								
	水分	R^2	P	土温	R^2	P	双因子	R^2	P
S2	$R=0.93e^{10.52W}$	0.35	0.00	$R=0.52T^{0.59}$	0.06	0.01	$R=0.88e^{0.53T}W^{0.67}$	0.45	0.00
	$R_H=0.66e^{11.63W}$	0.45	0.00	$R_H=0.27T^{0.81}$	0.08	0.02	$R_H=0.87e^{0.48T}W^{0.73}$	0.53	0.00
S3	$R=2.47e^{5.87W}$	0.11	0.00	$R=0.36T^{0.90}$	0.09	0.00	$R=2.78e^{0.24T}W^{0.36}$	0.13	0.00
	$R_H=2.14e^{2.79W}$	0.02	0.35	$R_H=0.23T^{0.89}$	0.06	0.08	$R_H=1.94e^{0.17T}W^{0.22}$	0.05	0.12
S4	$R=3.72e^{7.28W}$	0.25	0.00	$R=1.14T^{0.64}$	0.09	0.00	$R=4.89e^{0.22T}W^{0.48}$	0.23	0.00
	$R_H=4.57e^{6.63W}$	0.26	0.00	$R_H=1.63T^{0.60}$	0.09	0.16	$R_H=6.01e^{0.18T}W^{0.47}$	0.23	0.00
S5	$R=0.44e^{13.65W}$	0.61	0.00	$R=0.03T^{1.51}$	0.35	0.00	$R=0.62e^{0.50T}W^{0.86}$	0.74	0.00
	$R_H=0.63e^{10.43W}$	0.44	0.00	$R_H=0.03T^{1.47}$	0.35	0.00	$R_H=0.79e^{0.42T}W^{0.78}$	0.61	0.00
S6	$R=0.31e^{11.35W}$	0.54	0.00	$R=0.02T^{1.22}$	0.32	0.00	$R=0.57e^{0.44T}W^{0.71}$	0.69	0.00
	$R_H=0.52e^{8.12W}$	0.41	0.00	$R_H=0.02T^{1.07}$	0.30	0.00	$R_H=0.62e^{0.38T}W^{0.63}$	0.53	0.00

（六）土壤呼吸与土壤因子的相关性

通过对土壤呼吸与土壤因子进行 PCA 分析，结果显示第一轴与第二轴可以解释总信息量的 79.1%（表 6－4），因此排序图能够反映土壤呼吸与土壤因子之间的相关关系。从图 6－7 可以看出，大多数土壤因子在第一轴上得到了很好的分化，占总信息量的 52.4%，土壤有机碳、全磷、酸碱度、土壤含水量、土壤容重均与第一轴显著正相关，而田间持水量、速效磷与第一轴显著负相关。土壤呼吸与第二轴紧密相关，且土壤呼吸、异养呼吸、自养呼吸均与第二轴显著正相关，占总信息量的

26.7%。从各因子相关关系来看，除田间持水量、速效磷、酸碱度与土壤呼吸相关性较弱外，其他土壤因子均与土壤呼吸相关性较强，其中碱解氮与土壤呼吸及异养呼吸相关性最大，全氮与土壤自养呼吸相关性最大。因此，土壤氮对土壤呼吸有较大的影响，是最主要的土壤影响因子。

表 6-4 土壤呼吸与土壤因子 PCA 分析排序轴特征值

	轴 1	轴 2	轴 3	轴 4	总方差
特征值	0.524	0.267	0.150	0.040	1
物种的累计方差百分比/%	52.4	79.1	94.1	98.1	
特征值总和					1

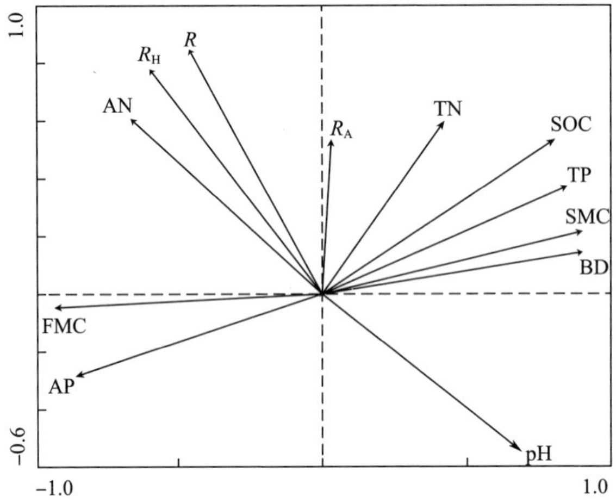

注：SOC：土壤有机碳，pH：酸碱度，TP：全磷，AP：速效磷，TN：全氮，AN：碱解氮，SMC：土壤含水量，FMC：田间持水量，BD：容重，R：土壤呼吸，R_H：异养呼吸，R_A：自养呼吸

图 6-7 土壤呼吸与土壤因子 PCA 分析

四、讨论

1. 土壤呼吸速率日变化

不同月份各样地土壤呼吸速率日变化规律不同，日变化幅度均为在 6、7、8 月较

大，最低值出现在 18：00，最高值出现在 9：00～14：00；5、9、10 月日变化幅度较小，最低值出现在 8：00，最高值出现在 10：00～16：00，表明在一天中，土壤呼吸速率主要受土壤温度的影响，同时受植被生理特征的限制，不同样地最高、最低值出现时间会提前或推后。在降雨较少的月份，土壤水分成为限制土壤呼吸速率的主要因子之一。在相对干旱的 5 月，表现尤为明显，干旱胁迫在一定程度上降低了土壤呼吸速率对土壤温度的响应（Conant et al.，2000）

同一月份，各样地日变化趋势各不相同，这与杨晶等（2004）对农牧交错区不同植物群落土壤呼吸日动态观测结果一致，不同植物群落土壤呼吸日动态一致性较差，规律性不明显，主要是因为土壤呼吸除受土壤温度的驱动外，同时也受到各样地自然条件（植被类型、立地条件、地形等）以及当日气候因子（降雨、云量、风速等）的较大影响。

2. 土壤呼吸速率月变化

各样地土壤呼吸月变化明显，均呈现出明显的季节变化规律，春季、秋季低，夏季高，这与其他相关研究（Sánchez et al.，2002；Bo，2003；Lee et al.，2003）结果一致。各样地土壤异养呼吸月变化趋势与土壤呼吸一致，而自养呼吸相反，呈现出春季、秋季高，夏季低的季节变化规律。随着温度的升高、水分的增加，土壤异养呼吸在土壤总呼吸中所占比例迅速增大。这可能是异养呼吸与自养呼吸对环境变量的响应不同所致。异养呼吸主要由土壤温度与水分驱动，而自养呼吸是由根生物量和单位根呼吸速率所决定的，随着植被类型、物种组成、植被碳分配、植被根系特征、土壤水热状况等环境因子的改变而变化（Gower et al.，2001；Högberg et al.，2002）。因此，自养呼吸受到许多生物和非生物因子的调控，这些因子与植物的生长状况、生活史和环境有关。

S4 样地较其他样地土壤呼吸、异氧呼吸月均值高，这主要是因为刺槐纯林年际凋落物量要高于针阔混交林，且平台有利于腐殖质的形成。腐殖质层厚，土壤有机质就相对较丰富，有利于土壤微生物的生长，加速了土壤物质循环。各样地土壤呼吸在去根系后明显下降，平均下降幅度为 19%～46%，这一结果与其他温带地区的研究很相近（Bowden et al.，1993；Striegl 和 Wickland，1998）。S3 样地自养呼吸最强，而 S4、S5 样地自养呼吸最弱，这主要是由于样地植被类型与根系生活力不同。S3 样地中刺槐与油松生长状况最好，根系发达，自养呼吸强；S4 样地刺槐生长缓慢，相应根系生物量低，S5 样地全部为针叶树种，林分密度低，加之针叶树种生理代谢较慢，因此这两块样地土壤自养呼吸弱。这与 Burton 等（2002）对不同北美森林生态系统的自养呼吸研究结果相同。

3. 土壤呼吸与土壤温度及水分的关系

本研究中，土壤呼吸和土壤温度及水分的双因子拟合方程相关指数较单因子拟合，均有一定程度的提高，表明把土壤水分因子增加到土壤呼吸与土壤温度的函数关系中可以提高土壤呼吸的预测真实性，这与大多数研究结果一致（Gaumont et al.，2006；Janssens and Pilegaard，2003）。无论是土壤呼吸还是异氧呼吸，均与土壤温度、土壤水分、双因子呈幂函数或指数函数关系，与一些人工生态系统（李红生等，2008；朱凡等，2020；高会议等，2011）土壤呼吸与土壤温度、水分的相关关系有所差异。这可能与研究区域自然条件有关，不同的生态系统中水分对土壤呼吸的影响方向和程度有很大的差别，在土壤水分不成为限制因子的条件下，土壤呼吸与土壤温度呈正相关，而在水分成为限制因子的干旱、半干旱地区，土壤呼吸受土壤水分和温度的共同影响，且土壤呼吸与温度和水分之间的关系变得较为复杂（Ma et al.，2005）。

4. 土壤呼吸与土壤因子的关系

土壤呼吸与土壤因子关系密切，其中土壤容重对土壤呼吸的影响是通过改变土壤物理结构，进而改变土壤含水量及其他因子来发挥作用。土壤水分的改变势必影响植物根系分布、根系呼吸以及土壤微生物群落组成，进而导致土壤呼吸的剧烈变动。王凤文等（2010）认为土壤水分对土壤呼吸影响结果是因时因地而异的，在一定范围内土壤呼吸强度随土壤水分的增加而增加，两者呈正相关。李凌浩等（2000）认为土壤含水量太高（高于土壤最大持水量的66.3%）或太低（低于土壤体积的5%～20%）即饱和或永久萎蔫含水量时，将导致土壤呼吸速率降低或停止。碱解氮可以提高土壤微生物活性、促进植物生长代谢速率，进而影响土壤呼吸（Holm et al.，2014）。本研究中，S4样地碱解氮远高于其他样地，是其土壤呼吸强于其他样地的主要原因，本研究中土壤有机碳与土壤呼吸速率呈显著正相关。Hou等（2014）研究也发现，中国北方荒漠草原的土壤呼吸速率随着土壤碳含量的增加呈线性增长趋势，这与本研究结果相似。

5. 土壤呼吸是一个复杂的过程，需要长期动态监测

土壤呼吸是土壤碳输出的主要途径，也是陆地生态系统碳收支的重要环节，对大气CO_2浓度有很大的影响。土壤呼吸的研究有助于了解地下碳分配过程和生态系统

的生产力，但由于土壤呼吸受多种因素的共同影响，如土壤温度、土壤水分、土壤有机质、土壤微生物、植被类型、净生态系统生产力（NEP）、地上和地下生物量的分配、种群和群落的相互作用和人类干扰等（Rustad et al.，2000），因此需要对土壤呼吸进行长期动态监测。本章仅对各样地土壤呼吸日变化、月变化及不同组分进行了研究，探讨了土壤温度、水分、有机碳、氮、磷、容重等土壤因子与土壤呼吸的关系，未能全面反映出各样地土壤呼吸的动态特征。在今后的研究中应持续对各样地土壤呼吸进行年度跟踪监测，并加强植被类型、种群和群落、土壤微生物等因素对土壤呼吸影响的研究，特别要加强土壤呼吸不同组分的相关性研究，为进一步探讨植被与土壤的关系及人工生态系统碳循环提供基础数据。

五、结论

本研究表明，安太堡露天煤矿复垦区典型人工林样地土壤呼吸作用均呈现出明显的季节变化规律，但日变化趋势却各不相同。土壤呼吸速率日变化在 5、9、10 月变幅较为平缓，6、7、8 月变幅较大，且在 7、8 月达到最大值。去根系后，土壤温度及水分与未处理之间没有显著差异，但土壤呼吸速率值明显下降，下降幅度为 19% ~ 46%。土壤呼吸速率和异养呼吸速率均与土壤温度、土壤水分、双因子呈幂函数或指数函数关系。整体来看，刺槐纯林样地土壤呼吸作用强于其他样地，且土壤理化因子分析结果表明，土壤氮是造成这一结果的主要因素。因此，刺槐纯林模式更有利于土壤的熟化与肥力的提高。

第七章

人工林生态系统健康评价

一、引言

安太堡露天煤矿复垦区人工生态系统受环境胁迫程度大，是研究生态修复的良好试验地。人工林作为复垦区群落结构复杂、物种最丰富、功能最完善的生态系统，受到了不少学者的关注，进行了植被、土壤等方面研究，但极少关注人工林生态系统的健康问题。因此，本章结合复垦区人工林的实际情况，选取人工林生态系统植被、土壤以及病虫害等相关指标，构建复垦区人工林生态系统健康评价指标体系，对安太堡露天煤矿复垦区主要的人工林生态系统进行健康评价，旨在揭示生态修复后人工林健康状况，评价复垦区生态修复模式的优劣，为进一步完善人工林管护措施提供科学依据，为矿区的生态修复研究与科学管理提供参考。

二、研究方法

（一）样地的设置

在安太堡露天煤矿复垦区选取刺槐+榆树+臭椿、刺槐+油松、刺槐纯林、青杆+白杆+油松、刺槐+柠条、刺槐+沙棘、刺槐+柠条+沙枣人工林样地共 7 块，选取矿区外小叶杨人工林样地1块（表7－1，S8）。每块样地面积均为0.5hm^2，种植初期，青杆、白杆、油松为5年生苗，均高1m；其余树种为1年生苗，均高30cm；小叶杨林为飞播种植。

表7－1 人工林样地基本概况

样地	种植模式	林龄/年	地形	海拔/m	立地条件
S1	刺槐+榆树+臭椿	21	平台	1380	土石混排
S2	刺槐+油松	21	斜坡	1380~1460	土石混排
S3	刺槐纯林	19	平台	1420	土石混排
S4	青杆+白杆+油松	19	平台	1460	表层覆土
S5	刺槐+柠条	20	平台	1460	表层覆土
S6	刺槐+沙棘	15	平台	1500	表层覆土
S7	刺槐+柠条+沙枣	10	平台	1430	表层覆土
S8	小叶杨纯林	50	平地	1440	原地貌

（二）评价指标体系的拟定

从安太堡露天煤矿复垦区人工林完整性、可持续性、稳定性等评价标准出发，结合人工林生长的状况与特点，采用目标法和频度分析法（沈剑波等，2011）构建健康评价指标体系。拟定完整性指标层包括群落层次结构、物种多样性、林分密度、近自然度、更新密度；可持续性指标层包括单位面积生物量、腐殖质层厚度、土壤物理性质、土壤化学性质、土壤微生物数量、土壤酶活性与土壤呼吸速率；稳定性指标层包括人工林病害、人工林虫害、人工林火险和人为干扰，构成了1个目标层，3个约束层，16个指标层以及30个分项指标的评价指标体系（郭春燕等，2017）（表7－2）。

表7-2　拟定的人工林生态系统健康评价指标体系

目标层	准则层	评价指标	分项指标
人工林生态系统健康	完整性指标	物种多样性	草本植物物种多样性
			灌木物种多样性
		群落层次结构	
		林分密度	
		更新密度	
		近自然度	
	可持续性指标	单位面积生物量	
		腐殖质层厚度	
		土壤物理性质	土壤容重
			土壤含水量
			田间持水量
		土壤化学性质	土壤 pH
			土壤有机碳含量
			土壤全磷含量
			土壤速效磷含量
			土壤全氮含量
			土壤碱解氮含量
		土壤微生物数量	细菌数量
			真菌数量
			放线菌数量
			固氮菌数量
			反硝化细菌
		土壤酶活性	蔗糖酶活性
			脲酶活性
			过氧化氢酶活性
			多酚氧化酶活性
			碱性磷酸酶活性
		土壤呼吸速率	
	稳定性指标	人工林病害	发病率
			病情指数

续表

目标层	准则层	评价指标	分项指标
人工林生态系统健康	稳定性指标	人工林虫害	有虫株率
			危害程度
		人工林火险	枯枝落叶层厚度
			草本植物盖度
			灌木植物盖度
			乔木树种易燃等级
			火源管控力度
		人为干扰	

（三）指标的测定

1. 完整性指标测定

（1）物种多样性　本研究对象为人工林，乔木种类单一，因此只对灌木与草本进行了 Shannon－Wiener 多样性指数的计算（详见第三章、第四章）。

调查方法：每块样地划分为 50 个 10m×10m 的乔木样方，记录物种名、株数、高度和胸径；再将每个乔木样方划分为 4 个 5m×5m 的灌木样方，记录物种名、株数、高度和盖度；选取每个灌木样方左下角 1m×1m 区域作为草本样方，记录物种名、多度、平均高度、盖度。

（2）林分密度与更新密度　林分密度是林分结构的重要指标，与林分的健康状况紧密相关。分别统计每个样方内胸径≥2cm 的乔木数量与胸径<2cm 的幼树数量，计算出林分密度与更新密度。

（3）群落层次结构　群落层次结构是人工林垂直结构的一种体现，群落层次越多，人工林结构越优化，从而反映出人工林生态系统越健康。根据植被层片划分标准（袁菲等，2013），将群落层次结构分为 3 类：

完整结构：具有乔木层、下木层、草本层和地被层等 4 个层片的森林，赋值 3。

复杂结构：具有乔木层和其他 1~2 个层片的森林，赋值 2。

简单结构：仅有乔木 1 层片的森林，赋值 1。

（4）近自然度　近自然度可表征林分接近自然状态的程度。人工林获得近自然度等级越高，表明其生态系统越健康。根据复垦区人工林的实际情况，将近自然度分为 3 个等级（袁菲等，2013）：引进树种或者由乡土树种组成，但在不适合的立地土壤上造林形成的森林群落为 1 级，赋值 1；含有非乡土树种的先锋群落森林为 4 级，赋值 2；先锋群落森林为 3 级，赋值 3。该项指标数据由样地调查获得。

2. 可持续性指标测定

（1）单位面积生物量计算方法　通过统计每个样方内所有乔木胸径、高度的数据，采用生物量估算模型（冯宗炜等，1999）分别估算不同树种的生物量，最后计算出单位面积乔木生物量。灌木与草本植物生物量测定采用直接称量法，即沿地面直接收割 5m × 5m 样方内灌木与 1m × 1m 样方内草本植株，分别称取鲜重后，将 1kg 鲜样带回实验室烘干至恒重，计算干鲜比，最后换算出单位面积灌木与草本的生物量。单位面积生物量为乔木、灌木与草本单位面积生物量的总和。

（2）腐殖质层厚度的测定　土壤腐殖质厚度从一定程度上可以反映土壤的肥力。在样地中随机选取 10 个点测量土壤腐殖质层厚度，分析不同样地土壤肥力差异。

（3）土壤理化指标的测定　详见第四章。

（4）土壤微生物数量的测定　采集各样地 0~20cm 土层样品 1kg，冰袋包裹土样带回实验室后，除去可见的植物根茎，放置于冰箱冷藏。土壤微生物主要类群数量的测定采用稀释涂布平板法（许光辉，1986；柏佳等，2020）。细菌：牛肉膏蛋白胨培养基；真菌：马丁培养基；放线菌：高氏一号培养基；自生固氮菌：阿须贝氏无氮培养基；反硝化细菌：反硝化细菌培养基。计数方法为每克干土中菌数 =（菌落平均数 × 稀释倍数）/ 干土重。

（5）土壤酶活性的测定　土样采集及处理同（4）。土壤蔗糖酶采用 3，5 - 二硝基水杨酸比色法，脲酶采用苯酚钠比色法，过氧化氢酶采用高锰酸钾滴定法，多酚氧化酶采用焦性没食子酸比色法，碱性磷酸酶采用磷酸苯二钠比色法（王翔等，2013）。

（6）土壤呼吸速率的测定　在样地内按“S”形确定 5 个土壤呼吸测定点，选择天气状况稳定时，采用美国 LI - COR 公司生产的 LI - 6400 便携式光合作用测量系统连接 LI - 6400 - 09 土壤呼吸室对各测量位点进行土壤呼吸测定（郭春燕等，2015）。

3. 稳定性指标测定

（1）人工林病害　人工林病害指标由发病率与病情指数两个分项指标组成。沿样地对角线随机选取 10 个 10m × 10m 样方，对样方内所有乔木、灌木发生的病害种类、病害等级进行调查和统计。由于每株植物病害等级不同，因此，要分别统计不同病害等级的植物株数。发病率与病情指数的计算公式如式（7－1），式（7－2）。

$$发病率/\% = 有病害株数/总株数 \times 100\% \qquad (7-1)$$

$$病情指数 = \frac{\sum（病害等级代表值 \times 株数）}{总株数 \times 病害最高级的代表值} \times 100 \qquad (7-2)$$

人工林病害为发病率、病情指数与其权重乘积的和。

（2）人工林虫害　人工林虫害指标由有虫株率与虫害危害程度两个分项指标组成。调查方法同（1）；未能现场确定的害虫种类，拍照后发给专业人员鉴定，分级标准及赋值见表7－3。如果样地内同时发生几种虫害，以危害程度最重的一种进行分级与赋值。有虫株率计算公式如式（7－3）。

$$有虫株率/\% = 有虫株数/总株数 \times 100\% \qquad (7-3)$$

人工林虫害为有虫株率、危害程度与其权重乘积的和。

表7－3　人工林虫害危害程度分级标准及赋值

虫害类型	危害程度（赋值）		
	轻（1）	中（2）	重（3）
杨树（阔叶树）叶部虫害	树叶被害率≤30%	树叶被害率31%～60%	树叶被害率≥61%
松树（针叶树）叶部虫害	针叶被害率≤20%	针叶被害率21%～50%	针叶被害率≥51%
青杨天牛等枝梢虫害	枝梢被害率≤20%	枝梢被害率21%～40%	枝梢被害率≥41%
树干表皮虫害	表皮被害面积≤5%	表皮被害面积6%～20%	表皮被害面积≥20%
蛀干害虫	被害株率≤5%	被害株率6%～15%	被害株率≥16%

（3）人工林火险　引起森林火灾的因素很多，如可燃物、地形条件、火源、气象条件、人口分布等。我国森林火灾多为上坟烧纸、人文旅游、上山采挖等人类活动引发，且这些人类活动均属于火源管控范围。下文从可燃物和火源管控力度（表7－4）对人工林火险进行评价。

表 7－4　火源管控力度标准及赋值

赋值	火源管控力度
0	火源管控严格，无野外生产用火、生活用火或上坟烧纸等现象，人为旅游、放牧、砍伐或采集药材等活动非常少。
1	火源管控力度一般，偶见野外生产用火、生活用火或上坟烧纸等现象，人为旅游、放牧、砍伐或采集药材等活动较少。
2	火源管控力度很小，常见野外生产用火、生活用火或上坟烧纸等现象，人为旅游、放牧、砍伐或采集药材等活动频繁。

人工林可燃物主要指乔木树种、灌木植物、草本植物、枯枝落叶。选用乔木树种的易燃等级、灌木植物盖度、草本植物盖度、枯枝落叶层厚度作为人工林火险的分项指标。灌木植物盖度、草本植物盖度及枯枝落叶层厚度由样方调查获得。根据李艳梅等（2005）研究结果，将乔木树种易燃等级划分为三级：第一级为难燃类，包括刺槐、榆树或阔叶混交林，赋值 1；第二级为可燃类，包括小叶杨、青杆、白杆或针阔混交林，赋值 2；第三级为易燃类，包括油松或针叶混交林，赋值 3。人工林火险为乔木树种易燃等级、灌木植物盖度、草本植物盖度、枯枝落叶层厚度及火源管控力度与其权重乘积的和。

（4）人为干扰　由于人为干扰方式较多，很多人为干扰无法定量表示。参考艾训儒（2006）人为干扰的分级标准，本研究对不同程度的抚育采伐强度、采伐后林分郁闭度、灌木和草本层结构、林相结构等人为干扰进行划分，达到其中一项即按照表 7－5 赋值。

表 7－5　人为干扰分级标准及赋值

干扰级	赋值	基本特征
未干扰	0	样地内无乔木树种被伐现象；灌木层和草本层保存完好；林相完整，垂直结构分层现象明显的天然林
轻度干扰	1	择伐和抚育采伐强度<20%，伐后林分郁闭度>0. 7；灌木层和草本层基本保存完好，盖度>60%；林相较完整，有垂直结构分层现象
中度干扰	2	择伐和抚育采伐强度 20%～30%，伐后林分郁闭度 0. 6～0. 7；灌木层和草本层有破坏现象，盖度 40%～60%；林相基本完整，有垂直结构分层现象

（四）指标的筛选

1. 指标标准化

由于各评价指标的科学含义不同，其量纲不统一，数据差异性较大，无法直接用于评价运算。因此，采用极差归一的方法，对指标进行了标准化处理，见式（7－4）。

$$P_i = \frac{H_i - H_{min}}{H_{max} - H_{min}} \quad (7-4)$$

式中 P_i——指标的标准化换算值

H_i——指标的实测值

H_{min}——指标的实测最小值

H_{max}——指标的实测最大值

2. 指标筛选方法

由于所选取的指标间存在一定的关联性，就需要对主要指标进行筛选。首先进行定性指标的筛选，去除含义相同的指标，其次对定量指标进行筛选。本研究采用定性（理论分析）与定量（主成分分析）相结合的方法对评价指标进行筛选。

（五）指标权重的确定

评价指标权重的确定是评价过程中的重要环节，直接影响评价的结果，因此，选取指标权重确定的方法显得尤为重要。本研究先采用层次分析（常建娥和蒋太立，2007；张敏等，2004；王磊，2007）对各指标的大小进行计算，再运用变异系数法（查奇芬等，2009）确定离散程度大小，最后通过计算二者的平均值来确定权重值。这种方法既避免了主观意识对权重赋值的影响，又弥补了指标数据的局限性。

各指标的变异系数见式（7－5）：

$$V_i = \frac{\sigma_i}{x_i} \quad (i=1, 2\cdots\cdots n) \quad (7-5)$$

式中 σ_i——第 i 项指标的标准差

x_i——第 i 项指标的均值。

各指标的权重见式（7－6）：

$$W_i = \frac{V_i}{\sum_{i=1}^{n} V_i} \quad (i=1, 2\cdots\cdots n) \quad (7-6)$$

主观客观相结合赋权法的公式为式（7－7）。

$$\delta_i=\frac{(W_{主}+W_{客})}{2}\ (i=1,2\cdots\cdots n) \tag{7-7}$$

式中　$W_{主}$——第 i 个指标的主观权重，即层次分析法求得的权重

$W_{客}$——第 i 个指标的客观权重，即变异系数法求得的权重

δ_i——第 i 个指标的综合指标权重

n——指标数

（六）评价模型

本研究评价指标体系包括完整性指标、可持续性指标与稳定性指标，其中，完整性指标与可持续性指标为正向指标，稳定性指标为负向指标，正向指标越大，负向指标越小，森林生态系统越不健康，反之亦然。因此，根据评价指标体系及各指标的生态学意义，提出安太堡露天煤矿复垦区人工林生态系统健康评价模型为式（7－8）。

$$H=\sum B_1W_1+\sum B_2W_2-\sum B_3W_3 \tag{7-8}$$

式中　H——人工林健康综合指数

B_1——完整性指标

W_1——完整性指标权重值

B_2——可持续性指标

W_2——可持续性指标权重值

B_3——稳定性指标

W_3——稳定性指标权重值

三、研究结果

（一）完整性指标特征

群落层次结构、近自然度、林分密度、更新密度、草本植物物种多样性、灌木物种多样性6个指标从不同侧面反映了人工林的完整程度。从图7－1中可以看出，林分密度、更新密度、草本植物物种多样性、灌木物种多样性在不同人工林中存在显著差异（$P<0.05$）。

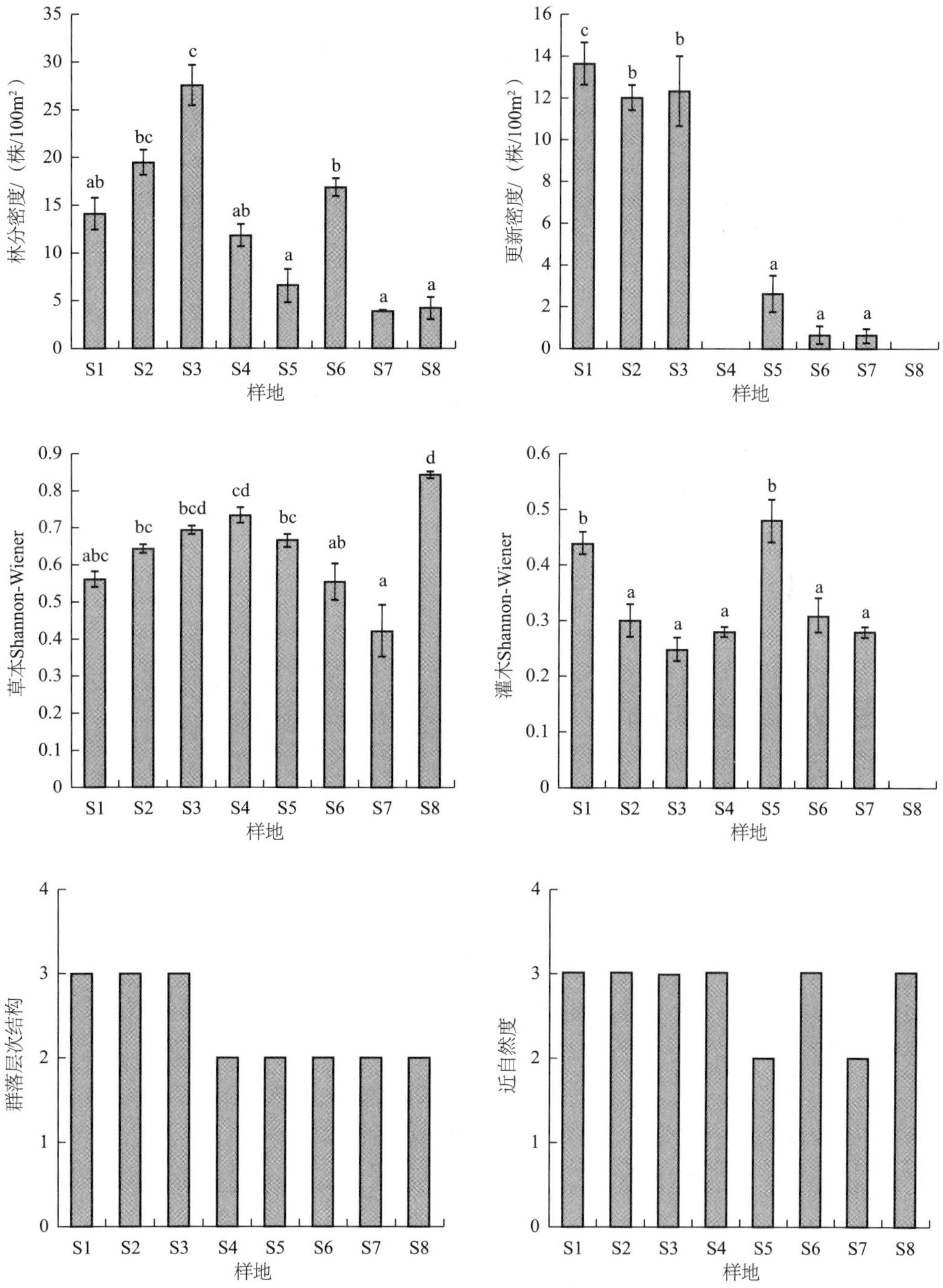

注：图中不同小写字母表示差异显著

图 7－1　不同人工林完整性指标

乔木模式较乔灌模式林分密度大，其中刺槐纯林林分密度最大，为 27.67 株/100m^2；刺槐+油松林次之，为 19.67 株/100m^2；刺槐+沙棘林由于沙棘大量死亡，其林分密度仅低于刺槐+油松林，为 17 株/100m^2；刺槐+柠条+沙枣林中灌木生长旺盛，其林分密度最小，仅为 4 株/100m^2。从林分更新状况来看，刺槐+榆树+臭椿林中榆树种子传播与萌发能力强，且榆树生长较快，致使乔木更新数量最多，多达 30.67 株/100m^2；其次为刺槐纯林与刺槐+油松林，更新乔木均为刺槐幼树；乔灌模式中刺槐更新较少；青杆+白杆+油松林与小叶杨纯林受自身物种生长周期及外界环境的影响，未见其更新的乔木。林下物种多样性受林分密度及更新密度等的影响，呈现出相反的变化规律，小叶杨纯林由于其林分密度小，且无更新乔木，林下阳光充足，草本物种丰富，其草本植物物种多样性最大（0.84），其次为青杆+白杆+油松林（0.73），刺槐+柠条+沙枣林最小（0.42）；刺槐+柠条林灌木物种多样性最大（0.48），其次为刺槐+榆树+臭椿林（0.44），小叶杨林下没有灌木生长。

刺槐+榆树+臭椿林、刺槐+油松林与刺槐纯林群落层次结构完整，具有地被层、草本层、下木层和乔木层 4 个植被层，其他人工林群落层次结构不完整，为乔木层、草本层与地被层的复杂结构。刺槐+柠条林与刺槐+柠条+沙枣林为含有非乡土树种的先锋群落森林，近自然度低，其他模式较之近自然度高，为先锋群落森林。

（二）可持续性指标特征

从人工林生态系统的生产力、土壤状况来分析复垦区人工林的可持续性。

1. 单位面积生物量

对不同人工林分别进行了乔木、灌木（林下低于 1.3m 的更新幼苗也视作灌木）、草本植物生物量测定，并计算了单位面积总生物量。从图 7－2 可以看出，不同人工林草本植物生物量、灌木生物量、乔木生物量及总生物量均存在显著差异（$P<0.05$）。刺槐纯林草本植物生物量最高，为 0.12kg/m^2，其次为小叶杨纯林，为 0.08kg/m^2，刺槐+油松林、青杆+白杆+油松林与刺槐+柠条+沙枣林草本植物生物量最低，仅为 0.01kg/m^2；刺槐+油松林灌木生物量最高（0.55kg/m^2），刺槐+柠条林（0.17kg/m^2）与刺槐+柠条+沙枣林（0.17kg/m^2）次之，青杆+白杆+油松林与小叶杨纯林灌木生物量最低，这是由于其林下无更新幼苗或无灌木生长；刺槐+油松林

乔木生物量最高，为 3.97kg/m²，刺槐+沙棘林（3.27kg/m²）与刺槐纯林（3.09kg/m²）次之，青杆+白杆+油松林最低，仅 0.18kg/m²；单位面积总生物量与乔木生物量的变化规律一致，也是刺槐+油松林最高（4.53kg/m²），青杆+白杆+油松林最低（0.19kg/m²）。

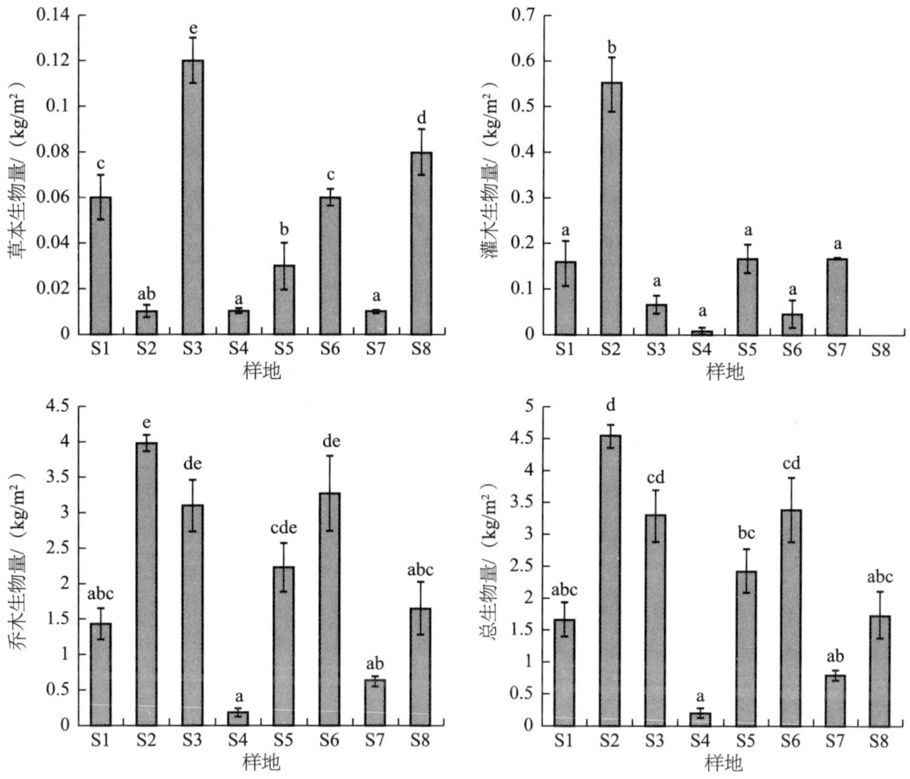

注：图中不同小写字母表示差异显著

图 7-2　不同人工林单位面积生物量

2. 土壤腐殖质层厚度

从图 7-3 可以看出，刺槐+榆树+臭椿林与刺槐纯林土壤腐殖质层最厚，均为 2.5cm，其次为刺槐+油松林（1.83cm）与刺槐+沙棘林（1.5cm），这些林子均以阔叶落叶树种为主，地表枯枝落叶多，而青杆+白杆+油松林为常绿针叶树种，地表枯枝落叶极少，其土壤腐殖质层最薄，仅 0.33cm。小叶杨纯林地表枯枝落叶较多，但其土壤腐殖质层较薄（0.83cm），说明地表枯枝落叶的腐殖化过程不仅与枯枝落叶的量有直接关系，而且受土壤湿度、温度和通气状况等的影响。

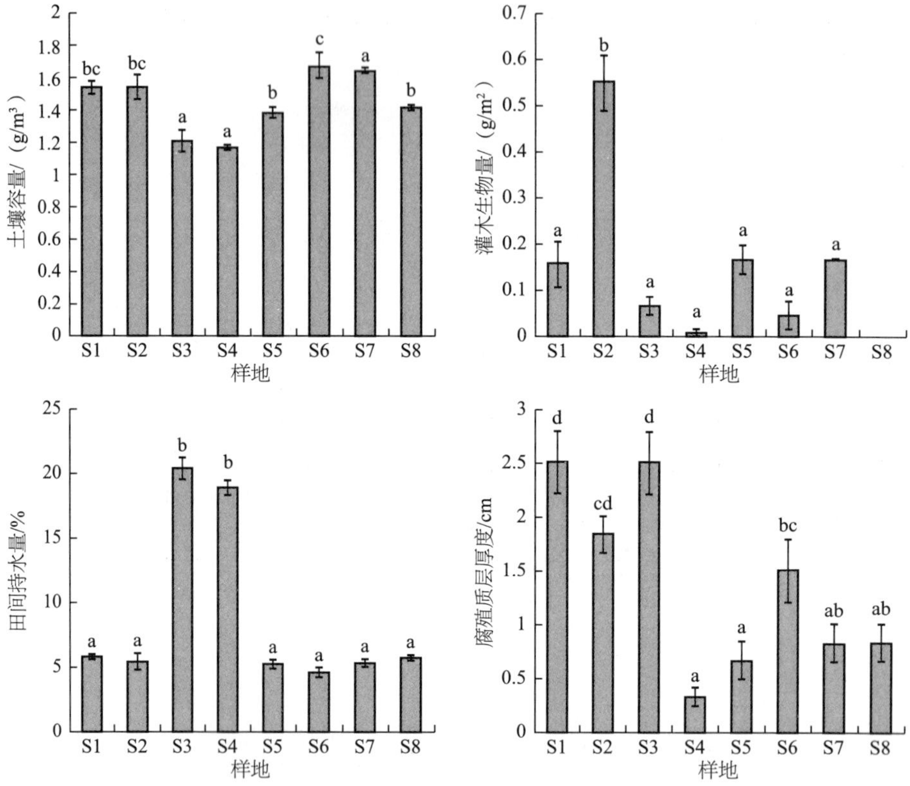

注：图中不同小写字母表示差异显著

图 7－3　不同人工林土壤物理性质与腐殖质层厚度

3. 土壤理化特征

土壤是植物生长的基质，为植物提供水分、矿物质等。土壤性质的不同，造成植物生长状况的差异，尤其对经堆垫复垦后的土壤而言，土壤质量的好坏，对于复垦区人工植被的可持续发展影响更大。从图 7－3 可以看出，不同人工林土壤物理、化学指标均存在显著的差异（$P<0.05$）。土壤容重反映土壤紧实程度，田间持水量是土壤所能稳定保持的最高土壤含水量，容重越大，田间持水量越小。刺槐+沙棘林土壤容重最大（1.68g/cm^3），但其田间持水量最小（4.58%），刺槐纯林（20.32%）与青杆+白杆+油松林（18.86%）田间持水量较大，但其土壤容重较小（1.21g/cm^3，1.17g/cm^3）。土壤含水量虽是不断变化的，但也可反映土壤的阶段水分条件。刺槐纯林土壤含水量（5.3%）最小，小叶杨纯林土壤含水量（10.45%）最大，这说明原地貌土壤保水能力优于复垦土壤。

土壤有机碳是土壤有机质的化学量度，土壤有机碳占土壤有机质的 60% ~80%。刺槐+沙棘林土壤有机碳含量最高（53. 46g/kg），青杆+白杆+油松林含量最低（12. 68g/kg），这进一步说明腐殖质层薄的土壤，其有机碳含量也低。从图 7－4 可以看出，人工林土壤均为碱性，刺槐纯林土壤 pH 最小（8. 22），刺槐+榆树+臭椿林

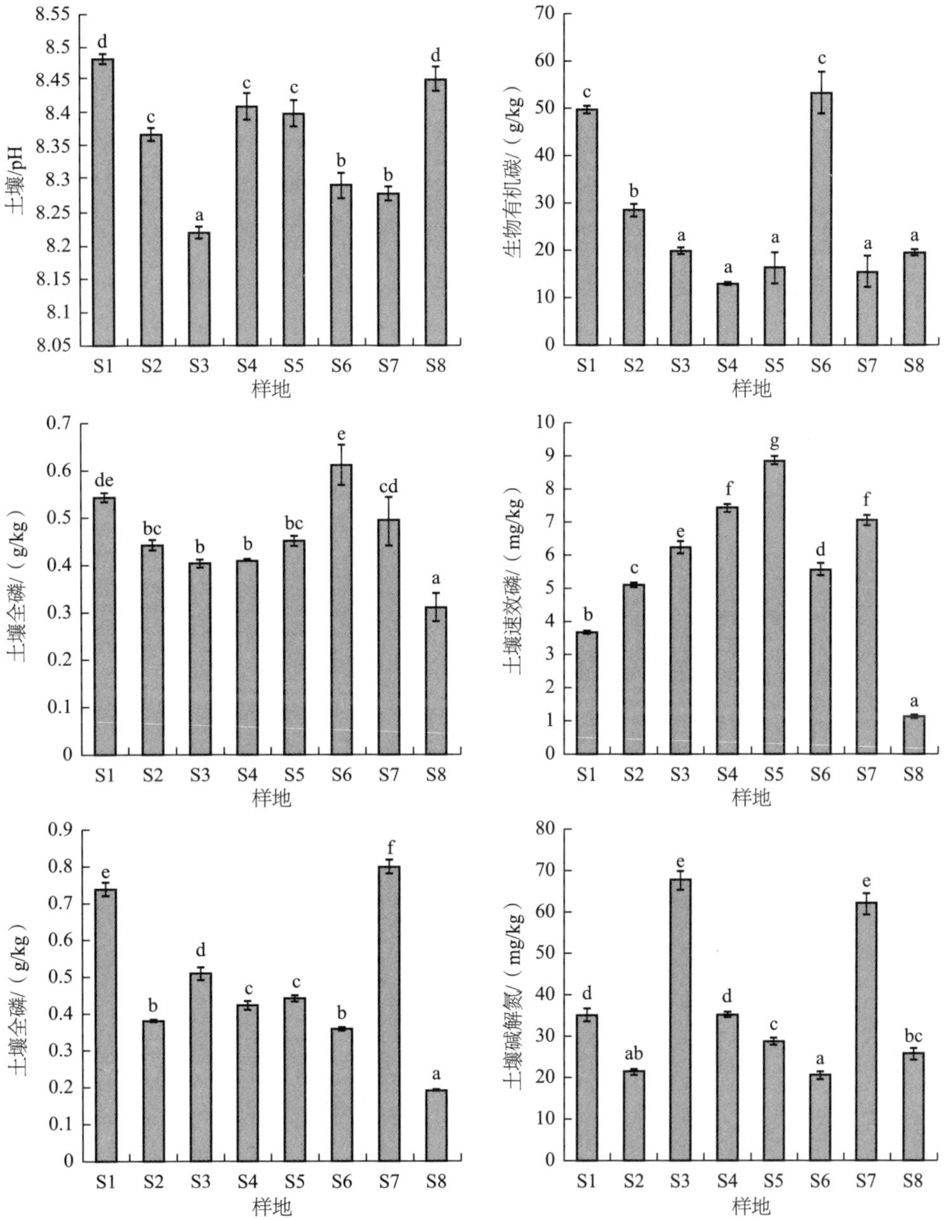

注：图中不同小写字母表示差异显著

图 7－4　不同人工林土壤化学性质

pH 最大（8.48）。土壤中的磷是植物获取磷元素的主要来源，与植物重要的生理过程紧密相关。各人工林土壤全磷在 0.31～0.61g/kg，刺槐+沙棘林土壤全磷含量最高，刺槐+榆树+臭椿林与刺槐+柠条+沙枣林较高，而刺槐纯林与青杆+白杆+油松林较低，小叶杨纯林最低，最高含量约为最低含量的 2 倍。土壤速效磷含量为 8.88～1.15mg/kg，刺槐+柠条林土壤速效磷含量最高，青杆+白杆+油松林与刺槐+柠条+沙枣林较高，刺槐+榆树+臭椿林与刺槐+油松林较低，小叶杨纯林最低，最高含量是最低含量的 7 倍多。土壤全氮为土壤有机态氮与无机态氮的总和，代表着土壤氮素的总贮量和土壤的供氮潜力。刺槐+柠条+沙枣林土壤全氮含量最高（0.80g/kg），刺槐+榆树+臭椿林与刺槐纯林较高，刺槐+沙棘林与刺槐+油松林较低，小叶杨纯林最低（0.19g/kg）；碱解氮包括无机态氮和结构简单、能为植物所直接吸收利用的有机态氮，反映土壤近期的氮素供应能力。刺槐纯林土壤碱解氮含量最高（67.68mg/kg），刺槐+柠条+沙枣林与青杆+白杆+油松林较高，刺槐油松林与小叶杨纯林较低，刺槐+沙棘林最低（20.53mg/kg）。

4. 土壤生物特征

从图 7－5 可以看出，不同人工林土壤微生物数量差异显著（$P<0.05$）。放线菌、自生固氮菌在刺槐纯林土壤中的数量最多，分别达 19.33×10^3CFU/g 与 19.70×10^3CFU/g，在刺槐+柠条+沙枣林土壤中数量最少，仅为 1.08×10^3CFU/g 与 1.40×10^3CFU/g，前者是后者的十几倍；小叶杨纯林土壤细菌（10.19×10^6CFU/g）与反硝化细菌（19.75×10^3CFU/g）数量最多，刺槐+沙棘林土壤细菌（3.87×10^6CFU/g）数量最少，是小叶杨纯林土壤细菌数量的 38%，而青杆+白杆+油松林土壤反硝化细菌（4.08×10^3CFU/g）数量最少，是小叶杨纯林反硝化细菌数量的 21%；刺槐+柠条林土壤真菌数量最多，为 14.64×10^2CFU/g，而刺槐纯林真菌数量最少（7.72×10^2CFU/g），为刺槐+柠条林的 53%。土壤放线菌、自生固氮菌在不同林分间差异最大，真菌差异最小。

从图 7－6 可见，不同人工林土壤酶活性也存在显著差异（$P<0.05$）。刺槐+柠条+沙枣林土壤蔗糖酶与脲酶活性均最低，分别为 0.11g/（g·h）与 0.01g/（g·h），而刺槐纯林土壤蔗糖酶活性［0.28g/（g·h）］最高，为刺槐+柠条+沙枣林的 2.5 倍，刺槐+柠条林土壤脲酶活性［1.45g/（g·h）］最高，是刺槐+柠条+沙枣林的 145 倍；刺槐+沙棘林土壤过氧化氢酶活性最高，为 4.82g/（g·h），多酚氧化酶活性最低，仅为 0.001g/（g·h）；青杆+白杆+油松林正好相反，其土壤过氧化氢酶活性［1.80g/（g·h）］最低，为最高的 37%，而多酚氧化酶活性［0.003g/（g·h）］最高，为最低的 3 倍；刺槐+油松林土壤碱性磷酸酶活性最高，为 0.06g/（g·h），小叶杨纯林最低，仅为 0.01g/（g·h），最高为最低的 6 倍；各林分土壤脲酶活性差异最大，蔗糖酶活性差

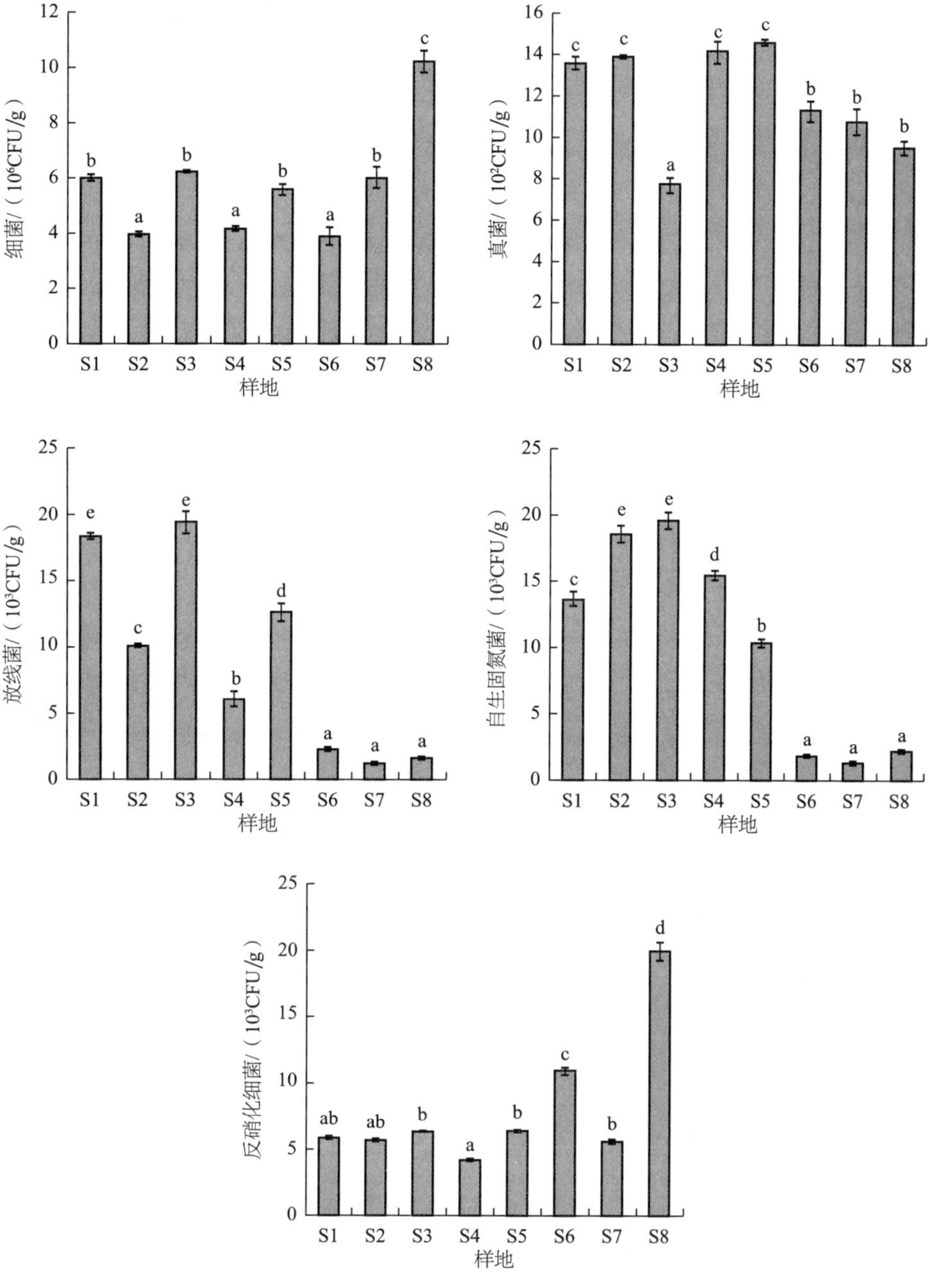

注：图中不同小写字母表示差异显著

图 7-5　不同人工林土壤微生物数量

异最小。土壤呼吸强度常用来衡量土壤微生物总的活性，评价土壤肥力。图 7-6 显示不同人工林土壤呼吸速率也存在显著差异（$P<0.05$）。刺槐纯林土壤呼

吸速率最大［11.3μmol/（m²·s）］，青杆+白杆+油松林与刺槐+沙棘林次之，刺槐+柠条+沙枣林土壤呼吸速率最小［4.36μmol/（m²·s）］，最大为最小的2.6倍。

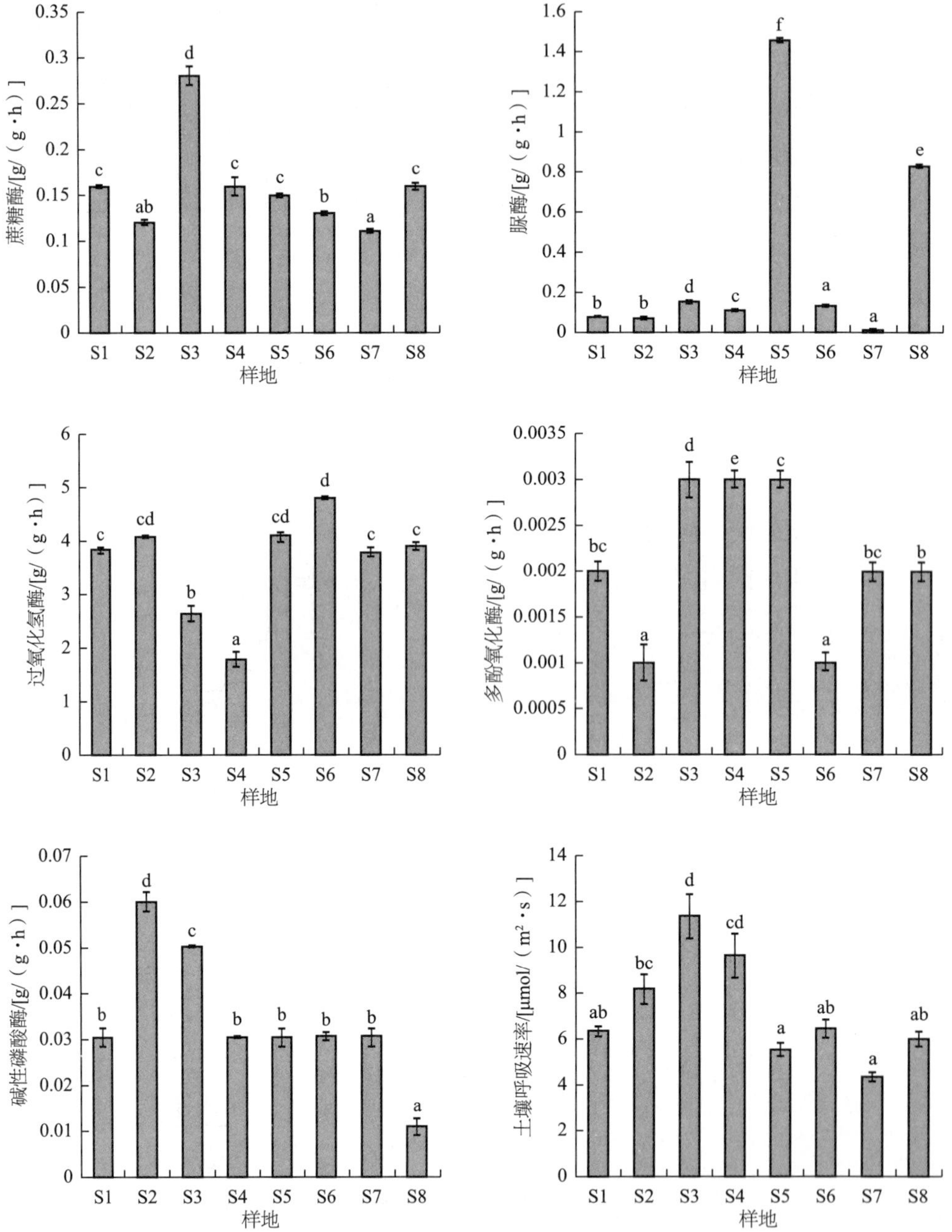

注：图中不同小写字母表示差异显著

图7-6 不同人工林土壤酶活性与土壤呼吸速率

（三）稳定性指标特征

不同人工林病虫害程度存在显著差异（图 7－7，P <0.05）。刺槐纯林发病率最高，为 89%，主要为刺槐烂皮病，其次为灰霉病，少部分为皱叶病，多株刺槐同时具有这 3 种病，病情指数较高。虽然刺槐病害严重，但其有虫株率最低，仅为 1%，且危害程度低。小叶杨纯林没有病害，但其虫害严重，有虫株率高达 98%，且危害程度较重，主要的害虫为棉蚜、青杨天牛、杨树蚜，卷叶害虫较少。4 块阔叶混交林中，刺槐+沙棘林发病率（69%）及病情指数（53. 43）最高，主要是刺槐发生烂皮病、灰霉病、皱叶病与锈病，干腐病在沙棘上普遍存在，致使其大量死亡。刺槐+榆树+臭椿林有虫株率（27%）较高，发病率（40%）也较高。林中榆树虫害最为严重，常见有小袋蛾、榆瘿蚜、卷叶蛾及一些其他食叶害虫，少数臭椿存在沟眶象；刺槐

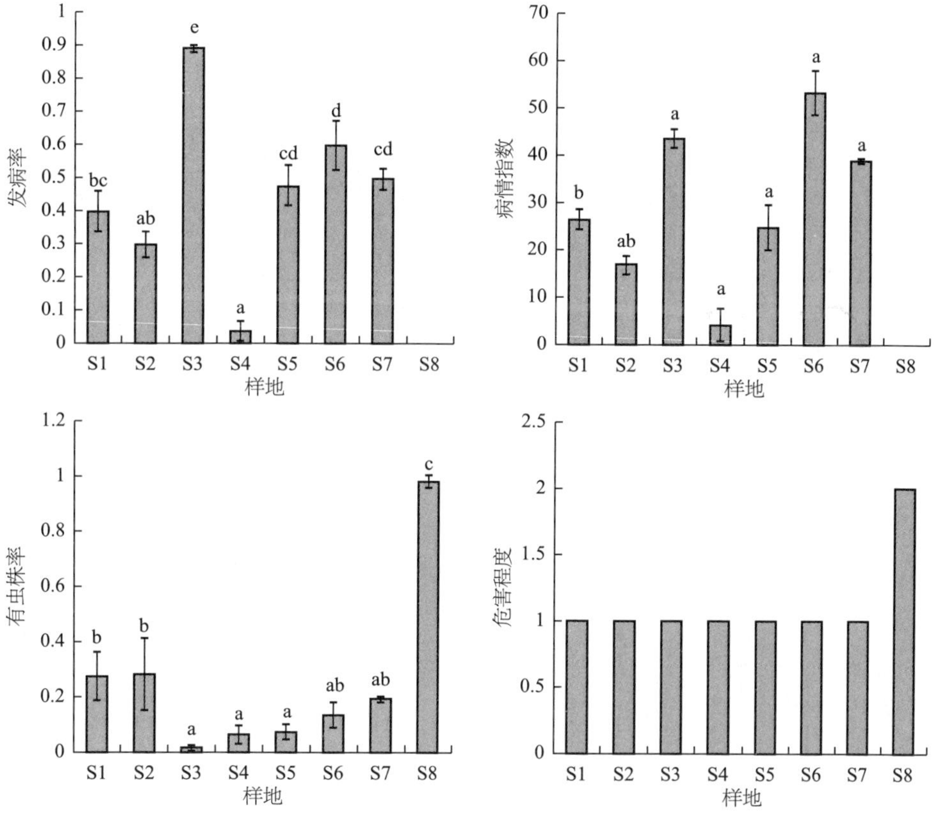

注：图中不同小写字母表示差异显著

图 7－7　不同人工林病虫害

发病率高，烂皮病、灰霉病与皱叶病时有发生，部分榆树与臭椿存在干腐病。刺槐+油松林病虫害程度较阔叶混交林轻，仅有少数刺槐存在烂皮病与霉腐病，树叶上发现少量卷叶蛾与吉丁虫。青杆+白杆+油松林病虫害极少发生，少数油松顶端枯梢，青杆、白杆枝叶上发现少量吉丁虫与小蠹。

从图 7 - 8 中可看出，刺槐+柠条林灌木盖度最大，高达 91.67%，小叶杨纯林下没有灌木，其次为青杆+白杆+油松林灌木盖度（5%）最小。刺槐纯林草本盖度（80%）及枯枝落叶层厚度（3.67cm）均为最大，而青杆+白杆+油松林草本盖度（15%）与枯枝落叶层厚度（0.67cm）均为最小，且青杆、白杆与油松均为易燃树种，乔木树种易燃等级最高；除小叶杨纯林外，其他 7 块样地均在安太堡露天煤矿复垦区，有门卫把守，火源管控严格，存在轻度人为干扰，因此这 7 块样地火源管控力度赋值为 0，人为干扰赋值为 1；小叶杨纯林在矿区外，火源管控力度一般，存在中度人为干扰，因此，其火源管控力度赋值为 1，人为干扰赋值为 2。

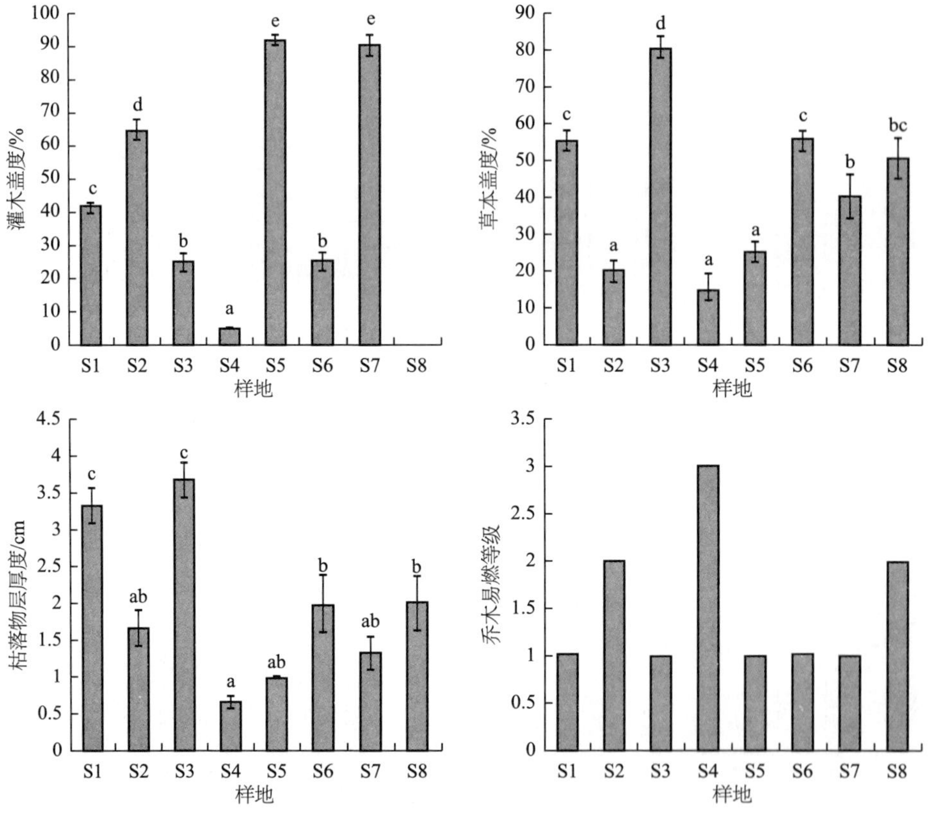

注：图中不同小写字母表示差异显著

图 7 - 8　不同人工林火险分项指标

（四）评价指标的筛选

首先对评价指标实测数据进行归一化处理，其次结合理论分析法（定性）与主成分分析法（定量）对所选取的指标进行筛选，将冗余指标去除。从全部指标主成分分析来看，去除冗余指标不理想。因此，分别对不同约束层指标进行了主成分分析。

1. 完整性指标主成分分析

从完整性指标主成分分析结果（表 7－6）来看，6 个成分中第 1、2 成分为主成分，共解释总方差的 71.946%，其中第 1 主成分所占比重最大，可解释总方差的 46.922%。成分矩阵表（表 7－7）表明，更新密度在第 1 主成分中贡献最大，其次为群落层次结构、林分密度、草本植物物种多样性。各林分近自然度接近，林下灌木种类及数量均较少，且两者在成分 1 中贡献较小，因此将近自然度与灌木物种多样性删除。

表 7－6　完整性指标解释的总方差

成分	特征值		
	合计	方差/%	累积/%
1	2.815	46.922	46.922
2	1.501	25.023	71.946
3	0.862	14.375	86.320
4	0.450	7.496	93.816
5	0.248	4.141	97.957
6	0.123	2.043	100.000

表 7－7　完整性指标成分矩阵

完整性指标	成分	
	1	2
更新密度	0.846	－0.121
群落层次结构	0.837	0.070
林分密度	0.729	0.313

续表

完整性指标	成分	
	1	2
草本植物物种多样性	-0.688	0.317
近自然度	0.488	0.753
灌木物种多样性	0.395	-0.846

2. 可持续性指标主成分分析

从可持续性指标主成分分析结果（表7-8）来看，21个成分共同解释总方差，但前6个主成分共解释总方差的90.657%，其中第1主成分所占比重最大，解释总方差的28.816%。成分矩阵表（表7-9）表明，田间持水量在第1主成分中贡献最大，其次为土壤含水量、过氧化氢酶活性、土壤容重、多酚氧化酶活性、固氮菌数量、蔗糖酶活性、单位面积生物量、放线菌数量、反硝化细菌数量、土壤有机碳、土壤速效磷、土壤全氮、土壤全磷。结合各指标生物学意义及其相关关系，综合考虑各指标在第1主成分中的贡献大小，将贡献较小的土壤pH、脲酶活性、细菌数量、碱性磷酸酶活性、土壤呼吸速率、腐殖质层厚度、真菌数量及土壤碱解氮删除。

表7-8 可持续性指标解释的总方差

成分	特征值		
	合计	方差/%	累积/%
1	6.051	28.816	28.816
2	4.585	21.833	50.650
3	3.076	14.649	65.299
4	2.486	11.831	77.136
5	1.589	7.567	84.702
6	1.250	5.955	90.657
7	0.966	4.599	95.255
8	0.234	1.115	96.370
9	0.200	0.953	97.324
10	0.146	0.695	98.019
11	0.139	0.663	98.682

续表

成分	特征值		
	合计	方差/%	累积/%
12	0.084	0.402	99.084
13	0.012	0.343	99.427
14	0.044	0.209	99.636
15	0.025	0.119	99.755
16	0.021	0.101	99.856
17	0.014	0.064	99.921
18	0.013	0.060	99.980
19	0.003	0.012	99.993
20	0.001	0.006	99.999
21	0.000	0.001	100.000

表7-9 可持续性指标成分矩阵

可持续性指标	成分					
	1	2	3	4	5	6
田间持水量	-0.918	-0.117	0.071	-0.122	-0.058	-0.231
土壤含水量	0.884	-0.145	-0.105	0.037	0.068	0.253
过氧化氢酶活性	0.862	0.281	0.156	-0.005	-0.102	0.233
土壤容重	0.803	0.436	-0.141	-0.228	0.035	0.035
多酚氧化酶活性	-0.771	-0.387	-0.318	0.008	0.297	0.026
固氮菌数量	-0.741	0.348	0.338	0.372	-0.021	0.088
蔗糖酶活性	-0.735	-0.114	0.487	-0.305	0.087	0.120
单位面积生物量	0.581	0.588	0.483	0.145	-0.449	0.188
放线菌数量	-0.560	0.392	0.423	0.188	0.322	0.434
反硝化细菌数量	0.537	-0.621	0.478	-0.240	-0.060	-0.123
土壤有机碳	0.448	0.560	0.321	-0.002	0.409	-0.325
土壤速效磷	-0.418	0.272	-0.646	0.250	-0.316	0.198
土壤全氮	-0.364	0.471	-0.515	-0.315	0.486	0.346
土壤全磷	0.316	0.701	-0.248	-0.018	0.278	-0.194
土壤 pH	0.281	-0.354	0.118	0.623	0.532	0.006

续表

可持续性指标	成分					
	1	2	3	4	5	6
脲酶活性	0. 196	−0. 537	0. 084	0. 436	−0. 165	0. 533
细菌数量	0. 194	−0. 719	0. 346	−0. 346	0. 206	0. 335
碱性磷酸酶活性	−0. 165	0. 798	0. 209	−0. 081	−0. 355	0. 098
土壤呼吸速率	−0. 145	0. 352	0. 305	−0. 231	0. 207	0. 132
腐殖质层厚度	−0. 134	0. 625	0. 596	−0. 247	0. 298	0. 151
真菌数量	0. 134	0. 220	−0. 333	0. 849	0. 131	0. 009
土壤碱解氮	−0. 023	0. 069	−0. 652	−0. 650	−0. 006	0. 292

3. 稳定性指标主成分分析

从稳定性指标主成分分析结果（表 7 – 10）来看，9 个主成分可以 100% 解释总方差，其中前 3 个为主成分，累积解释总方差的 89. 435%，第 1 主成分所占比重最大，解释总方差的 48. 974%。成分矩阵表（表 7 – 11）表明，发病率在第 1 主成分中贡献最大，其次为病情指数、火源管控力度、有虫株率、乔木树种易燃等级及危害程度。鉴于人为干扰、草本植物盖度、灌木植物盖度及枯枝落叶层厚度 4 个指标在主成分 1 中贡献较小，且与其他指标显著相关，因此可将这 4 个指标删除。

表 7 – 10　稳定性指标解释的总方差

成分	特征值		
	合计	方差/%	累积/%
1	4. 408	48. 974	48. 974
2	2. 438	27. 091	76. 066
3	1. 203	13. 369	89. 435
4	0. 448	4. 974	94. 409
5	0. 172	1. 912	96. 321
6	0. 121	1. 345	97. 666
7	0. 109	1. 207	98. 872
8	0. 062	0. 685	99. 557
9	0. 040	0. 443	100. 000

表 7-11　稳定性指标成分矩阵

稳定性指标	成分		
	1	2	3
发病率	0.929	0.229	0.033
病情指数	0.888	0.188	0.116
火源管控力度	-0.757	0.579	0.145
有虫株率	-0.756	0.543	0.261
乔木树种易燃等级	-0.741	-0.388	-0.504
危害程度	-0.708	0.413	0.468
人为干扰	0.451	0.738	-0.226
草本植物盖度	0.446	0.836	-0.143
灌木植物盖度	0.437	-0.441	0.723
枯枝落叶层厚度	0.414	0.711	-0.290

4. 健康评价指标体系

通过对准则层指标逐一进行主成分分析，删除了 14 个冗余指标及分项指标，最终构建出 1 个目标层、3 个准则层、12 个指标层以及 20 个分项指标的安太堡露天煤矿复垦区人工林生态系统健康评价体系（表 7-12）。

表 7-12　人工林生态系统健康评价体系

目标层	准则层	评价指标	分项指标
人工林生态系统健康	完整性指标	物种多样性	草本植物物种多样性
		群落层次结构	
		林分密度	
		更新密度	
	可持续性指标	单位面积生物量	
		土壤物理性质	土壤容重
			土壤含水量
			田间持水量

续表

目标层	准则层	评价指标	分项指标
人工林生态系统健康	可持续性指标	土壤化学性质	土壤有机碳含量
			土壤全磷含量
			土壤速效磷含量
			土壤全氮含量
		土壤微生物数量	放线菌数量
			固氮菌数量
			反硝化细菌数量
		土壤酶活性	蔗糖酶活性
			过氧化氢酶活性
			多酚氧化酶活性
	稳定性指标	人工林病害	发病率
			病情指数
		人工林虫害	有虫株率
			危害程度
		人工林火险	乔木树种易燃等级
			火源管控力度

(五)评价指标权重的确定

采用层次分析法和变异系数法对安太堡露天煤矿复垦区人工林生态系统健康评价指标权重进行赋值(表7-13~表7-15)。先计算分项指标的权重,再进行评价指标权重的计算,最后进行准则层指标权重的计算。所有指标均值为归一化值,有分项指标的评价指标是由分项指标归一化值乘以权重值相加所得,每一层级指标主观权重与总权重和均为1。

表7-13 分项指标权重值

指标	均值	标准差	变异系数	客观权重	主观权重	总权重
物种多样性						
草本植物物种多样性	0.567	0.261	0.460	1	1	1
土壤物理性质						
土壤含水量	0.594	0.324	0.546	0.228	0.3	0.264
田间持水量	0.228	0.300	1.317	0.550	0.3	0.425
土壤容重	0.489	0.260	0.531	0.222	0.4	0.311

续表

指标	均值	标准差	变异系数	客观权重	主观权重	总权重
			土壤化学性质			
土壤有机碳	0.321	0.300	0.934	0.343	0.3	0.322
土壤全磷	0.400	0.249	0.621	0.228	0.1	0.164
土壤速效磷	0.570	0.286	0.502	0.184	0.3	0.242
土壤全氮	0.447	0.297	0.665	0.244	0.3	0.272
			土壤微生物数量			
放线菌数量	0.392	0.355	0.907	0.307	0.3	0.304
固氮菌数量	0.470	0.374	0.796	0.270	0.4	0.335
反硝化细菌数量	0.225	0.281	1.247	0.423	0.3	0.361
			土壤酶活性			
蔗糖酶活性	0.264	0.275	1.040	0.494	0.3	0.397
过氧化氢酶活性	0.666	0.270	0.406	0.192	0.4	0.296
多酚氧化酶活性	0.391	0.258	0.661	0.314	0.3	0.307
			人工林病害			
发病率	0.436	0.315	0.723	0.504	0.5	0.502
病情指数	0.405	0.288	0.711	0.496	0.5	0.498
			人工林虫害			
有虫株率	0.248	0.309	1.246	0.673	0.5	0.587
危害程度	0.345	0.209	0.605	0.323	0.5	0.413
			人工林火险			
乔木树种易燃等级	0.250	0.361	1.445	0.348	0.5	0.424
火源管控力度	0.125	0.338	2.703	0.652	0.5	0.576

表 7－14 评价指标权重值

指标	均值	标准差	变异系数	客观权重	主观权重	总权重
			完整性指标			
物种多样性	0.567	0.261	0.460	0.099	0.25	0.174
群落层次结构	0.25	0.442	1.769	0.379	0.25	0.315
林分更新状况	0.188	0.305	1.621	0.317	0.25	0.299
林分密度	0.321	0.260	0.812	0.159	0.25	0.212

续表

指标	均值	标准差	变异系数	客观权重	主观权重	总权重
可持续性指标						
单位面积生物量	0.306	0.234	0.763	0.354	0.4	0.377
土壤化学性质	0.429	0.180	0.420	0.195	0.1	0.147
土壤物理性质	0.406	0.071	0.175	0.081	0.1	0.090
土壤酶活性	0.422	0.119	0.283	0.131	0.2	0.166
土壤微生物	0.357	0.185	0.517	0.240	0.2	0.220
稳定性指标						
人工林病害	0.421	0.293	0.695	0.221	0.3	0.260
人工林虫害	0.289	0.257	0.891	0.283	0.3	0.292
人工林火险	0.178	0.278	1.561	0.496	0.4	0.448

表 7-15　准则层指标权重值

指标	均值	标准差	变异系数	客观权重	主观权重	总权重
完整性指标	0.301	0.236	0.782	0.577	0.3	0.439
可持续性指标	1.730	0.327	0.189	0.139	0.4	0.270
稳定性指标	0.888	0.341	0.384	0.284	0.3	0.292

（六）健康评价结果

分别将各人工林完整性指标、可持续性指标及稳定性指标值与其权重带入健康评价模型，即可算出各人工林健康评价分值。 从结果来看，评价分值总体符合正态分布，因此，健康等级标准采用常用的等距分组法来确定（表 7-16）。

表 7-16　健康等级划分标准

健康等级	优质	健康	亚健康	不健康
评价分值	$H>0.6$	$0.4<H\leqslant 0.6$	$0.2<H\leqslant 0.4$	$H\leqslant 0.2$

不同人工林健康评价结果表明（图 7-9），刺槐+榆树+臭椿林与刺槐纯林为优质林，刺槐+油松林为健康林，青杄+白杄+油松林、刺槐+柠条林、刺槐+沙棘林与刺槐+柠条+沙枣林为亚健康林，小叶杨纯林为不健康林。

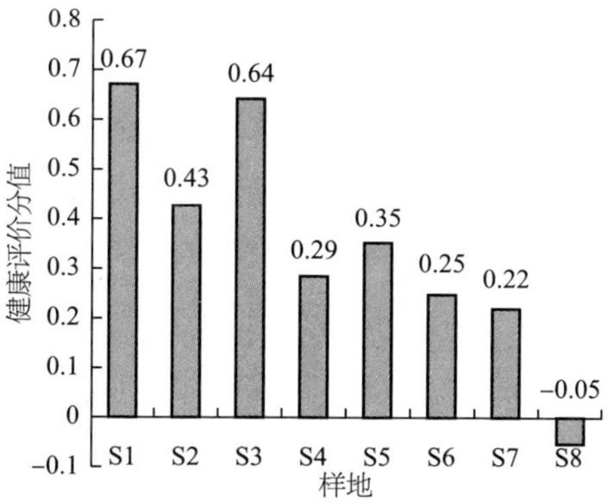

图 7－9　不同人工林健康评价分值

四、讨论

（一）人工林健康状况

安太堡露天煤矿复垦区人工林健康评价结果基本与野外观察到的林分生长状况相符。矿区外小叶杨纯林健康状况最差，其健康分值为负值，说明危害小叶杨纯林的病虫害及潜在的火险正严重影响小叶杨林的健康生长。因此，在加强小叶杨纯林管护的同时，要杜绝一切人类活动可能带来的火灾隐患。三种乔灌模式人工林均处于亚健康状态，其中林龄最大的刺槐+柠条林健康程度高于刺槐+沙棘林，林龄最小的刺槐+柠条+沙枣林健康程度最差。这是因为随着林龄的增加，灌木大量繁殖，逐渐占据优势地位；并且随着林分密度增加，灌木病虫害严重，逐渐死亡，与乔木竞争关系减弱，乔木得以快速生长，林分也趋于向健康方向演替（耿绍波等，2013）。青杆+白杆+油松林也处于亚健康状态，影响其健康的主要因素为林下植被稀疏，土壤有机物质缺乏，致使土壤养分不足，不利于乔木持续生长；另一因素为该林分乔木均为易燃树种，一旦有火源，很容易发生火灾。在后续的管理中，应在林间补种难燃的阔叶灌木，不仅可以提高森林群落物种多样性、增加土壤腐殖质，而且可降低人工林火险。刺槐+榆树+臭椿林与刺槐纯林为最健康林分，其林下草本植物物种丰富，更新的大量乔木幼苗形成了下木层，群落结构趋于复杂（Veronika et al.，2020）。林下丰富的枯枝落叶为土壤储备了大量的有机物质，促进了人工林生态系统养分循环（胡爽等，2017）。

（二）人工林健康评价影响因素

（1）指标权重的确定对评价结果有着举足轻重的影响（蔡小溪等，2014） 指标权重的计算方法有很多，本研究采用了层次分析法与变异系数法相结合的主客观赋权法来计算指标的权重值。这不仅可以减少单纯层次分析法对评价结果造成主观成分过大的干扰，而且可以降低评价结果忽视主观判断而完全依赖客观赋值法直接提取指标数据的片面性。单一使用这两种方法，结果往往不尽如人意或相差甚远。因此，本研究将主客观两种方法结合使用，既克服了层次分析法和变异系数法的缺点，又保留了二者的优点，是一种确定权重的优良方法。

（2）人工林生态系统健康状况处于动态变化之中，需从不同的时间和空间尺度上进行评价 生态系统本是开放的系统，也是动态的系统，其健康状况不会一成不变，因此在开展人工林生态系统健康评价时，应对其评价指标进行动态监测，多时段做出健康评价。本研究仅是某一时间的评价结果，难以全面反映人工林的健康状况动态。在今后的研究中，可以利用前人在不同时期的调查监测数据，对人工林生态系统进行“反演”，对其过往时段的健康状况做出评价。同时持续对评价指标进行调查与监测，以期实现人工林生态系统健康状况的动态评价与发展趋势预测。

（3）评价研究手段需不断创新 本研究仅以复垦区典型人工林分为对象，研究区域较小，以实地调查与监测为研究手段，但由于受财力、人力、自然条件等因素的影响，无法对人工林服务功能进行全面监测，致使评价完整性稍感欠缺。在今后的研究中，需开展多学科、多团队联合攻关，借助多元化野外监测设备与手段，结合现代遥感影像处理技术，实现不同空间与时间尺度上的动态评价。此外，鉴于人工林有一些特殊菌类的存在，可尝试采用指示物评价法来对人工林进行评价。因此，筛选生态系统中敏感物种、建立其监测指标，是今后复垦区人工林健康评价的又一新方向。

（4）人工林生态系统健康标准难以确定，其健康评价结果无法短时间内得到验证 森林健康的定义有很多，不同学者对其有不同见解，目前还未能对森林健康制定出统一的标准。人工林与天然林相比，影响其健康的因素更多、更复杂，因此，确定何种人工林是健康林就更加困难。人工林生态系统健康标准的缺失给其健康评价增加了不确定性，因此，本研究建立的评价指标体系及其赋值标准，还有待于在今后的研究实践中得到检验与修正。

（三）人工林管理对策

复垦区内人工林蓄积量偏低，群落结构简单，土壤肥力不足，仍处于生态系统不稳定阶段。一旦有大量游人进入，势必会对人工林草本层与地被层造成破坏，影响人工林生态系统物质与能量循环。因此人工林仍需人工管护，防止人类频繁活动的干扰。阔叶林及阔叶混交林虽然蓄积量较高，但其更新小幼树较多，林分密度较大，种间生态位的重叠，必然导致种间对资源的竞争日趋激烈，造成乔木生长速度下降，甚至产生自疏作用，使种群密度下降，进而影响人工林的稳定。在今后的管护中，可对这两种林分适度间伐，使其林分密度保持在合适水平，为其他植物定居创造条件，从而增加人工林物种多样性，保障其生态系统维持在优质健康水平。针叶混交林与针阔混交林由于地被层、草本层稀疏，其涵养水源、保持水土的功能较差，可在林间补充难燃的阔叶树种改善林分结构，或是在林下栽种适生的灌草，改善生态系统养分循环状况，提高人工林活力与恢复力。

五、结论

人工林生态系统健康评价结果表明复垦区内阔叶人工林较针叶人工林健康，林龄较高的人工林健康状况较好。刺槐+榆树+臭椿林与刺槐纯林为优质林，刺槐+油松林为健康林，青杆+白杆+油松林、刺槐+柠条林、刺槐+沙棘林与刺槐+柠条+沙枣林为亚健康林，小叶杨纯林为不健康林。今后应加强人工林的科学管理，对阔叶林进行适度间伐，使其密度维持在合理水平。同时，在针阔叶混交林栽植难燃的灌木和草本植物，促进土壤养分循环，降低人工林火灾风险。复垦区人工林生态系统健康评价不仅是对林分健康状况的摸底，而且是对安太堡露天煤矿生态修复模式的检验。从评价结果来看，刺槐+榆树+臭椿林模式与刺槐纯林模式较好。

附　录

安太堡露天煤矿复垦区植物名录

科	属	种	备注
葫芦藓科 Funariaceae	葫芦藓属 *Funaria* Hedw.	葫芦藓 *Funaria hygromitrica* Hedw.	1
松科 Pinaceae	云杉属 *Picea* Dietr.	白杄 *Picea meyeri* Rehder & E. H. Wilson	2，*
		青杄 *Picea wilsonii* Mast.	2，*
	松属 *Pinus*	油松 *Pinus tabulaeformis* Carr.	2，*
杨柳科 Salicaceae	杨属 *Populus* L.	辽杨 *Populus maximowiczii* A. Henry	3，*
		小叶杨 *Populus simonii* Carr.	3，*
		长叶杨 *Populus wuana* C. Wang et Tung	3，*
	柳属 *Salix* L.	乌柳 *Salix cheilophila* Schneid.	3，*
		北沙柳 *Salix psammophila* C. Wang & Chang Y. Yang	3，*
榆科 Ulmaceae	榆属 *Ulmus* L.	榆树 *Ulmus pumila* L.	3，*
蓼科 Polygonaceae	荞麦属 *Fagopyrum* Mill.	荞麦 *Fagopyrum esculentum* Moench.	3，*
	蓼属 *Polygonum* L.	两栖蓼 *Polygonum amphibium* L.	3
		扁蓄 *Polygonum aviculare* L.	3
		西伯利亚蓼 *Polygonum sibiricum* Laxm.	3
	酸模属 *Rumex* L.	皱叶酸模 *Rumex crispus* L.	3
藜科 Chenopodiaceae	沙蓬属 *Agriophyllum* Bieb.	沙蓬 *Agriophyllum squarrosum*（L.）Moq.	3
	雾冰藜属 *Bassia* All.	雾冰藜 *Bassia dasyphylla*（Fisch. & C. A. Mey）Kuntze	3

续表

科	属	种	备注
藜科 Chenopodiaceae	藜属 *Chenopodium* L.	尖头叶藜 *Chenopodium acuminatum* Willd.	3
		藜 *Chenopodium album* L.	3
		刺藜 *Chenopodium aristatum* L.	3
		菊叶香藜 *Chenopodium foetidum* Schrad.	3
		灰绿藜 *Chenopodium glaucum* L.	3
		小藜 *Chenopodium serotinum* L.	3
	虫实属 *Corispermum* L.	毛果绳虫实 *Corispermum declinatum* var. *tylocarpum*（Hance）Tsien et C. G. Ma	3
		软毛虫实 *Corispermum puberulum* Iljin	3
	猪毛菜属 *Salsola* L.	猪毛菜 *Salsola collina* Pall.	3
		无翅猪毛菜 *Salsola komarovii* Iljin	3
苋科 Amaranthaceae	苋属 *Amaranthus* L.	反枝苋 *Amaranthus retroflexus* L.	3
石竹科 Caryophyllaceae	蚤缀属 *Arenaria* L.	蚤缀 *Arenaria serpyllifolia* L.	3
	石竹属 *Dianthus* L.	石竹 *Dianthus chinensis* L.	3
	石头花属 *Gypsophila* L.	长蕊石头花 *Gypsophila oldhamiana* Miq.	3
	蝇子草属 *Silene* L.	女娄菜 *Silene aprica* Turcz. ex Fisch. et Mey.	3
毛茛科 Ranunculaceae	铁线莲属 *Clematis* L.	芹叶铁线莲 *Clematis aethusifolia* Turcz.	3
		灌木铁线莲 *Clematis fruticosa* Turcz.	3
		黄花铁线莲 *Clematis intricata* Bge.	3
		半钟铁线莲 *Clematis ochotensis*（Pall.）Poir.	3
	翠雀属 *Delphinium* L.	翠雀 *Delphinium grandiflorum* L.	3
十字花科 Cruciferae	芸苔属 *Brassica* L.	芸苔 *Brassica campestris* L.	3，*
	播娘蒿属 *Descurainia* Webb et Berth.	播娘蒿 *Descurainia Sophia*（L.）Webb. ex Prantl	3
	芝麻菜属 *Eruca* Mill.	芝麻菜 *Eruca sativa* Mill.	3
	独行菜属 *Lepidium* L.	独行菜 *Lepidium apetalum* Willd.	3
	大蒜芥属 *Sisymbrium* L.	垂果大蒜芥 *Sisymbrium heteromallum* C. A. Mey.	3
	盐芥属 *Thellungiella* O. E. Schulz	盐芥 *Thellungiella salsuginea*（Pall.）O. E. Schulz	3

续表

科	属	种	备注
十字花科 Cruciferae	蚓果芥属 *Torularia* L.	窄叶蚓果芥（变型）*Torularia humilis*（C. A. Mey.）O. E. Schulz f. *angustifolia* Z. X. An	3
		大花蚓果芥（变型）*Torularia humilis*（C. A. Mey.）O. E. Schulz f. *grandiflora* O. E. Schulz	3
蔷薇科 Rosaceae	杏属 *Armeniaca* Mill.	杏 *Armeniaca vulgaris* Lam.	3，*
	樱属 *Cerasus* Mill.	毛樱桃 *Cerasus tomentosa*（Thunb.）Wall. ex T. T. Yu & C. L. Li	3，*
	山楂属 *Crataegus* L.	山里红 *Crataegus pinnatifida* Bge. var. major N. E. Br.	3，*
		华中山楂 *Crataegus wilsonii* Sarg.	3，*
	栒子属 *Cotoneaster* B. Ehrhart	毛叶水栒子 *Cotoneaster submultiflorus* Popov	3
	苹果属 *Malus* Mill.	山荆子 *Malus baccata*（L.）Borkh.	3，*
	金露梅属 *Potentilla* L.	金露梅 *Potentilla fruticosa* L.	3
	委陵菜属 *Potentilla* L.	二裂委陵菜 *Potentilla bifurca* L.	3
		委陵菜 *Potentilla chinensis* Ser.	3
		多裂委陵菜 *Potentilla multifida* L.	3
		朝天委陵菜 *Potentilla supine* L.	3
		菊叶委陵菜 *Potentilla tanacetifolia* Willd. ex Schltdl.	3
	蔷薇属 *Rosa* L.	美蔷薇 *Rosa bella* Rehd. er & E. H. Wilson.	3
	绣线菊属 *Spiraea* L.	粉花绣线菊光叶变种 *Spiraea japonica* L. f. var. *fortunei*（Planchon）Rehd.	3
		三裂绣线菊 *Spiraea trilobata* L.	3
豆科 Leguminosae	紫穗槐属 *Amorpha* L.	紫穗槐 *Amorpha fruticosa* L.	3，*
	黄芪属 *Astragalus* L.	斜茎黄芪 *Astragalus adsurgens* Pall.	3，*
		扁茎黄芪 *Astragalus complanatus* R. Br. ex Bge.	3
		达乌里黄芪 *Astragalus dahuricus*（Pall.）DC.	3
		草木樨状黄芪 *Astragalus melilotoides* Pall.	3
		内蒙黄芪 *Astragalus mongolicus* Bge.	3
		糙叶黄芪 *Astragalus scaberrimus* Bge.	3
		小果黄芪 *Astragalus tataricus* Franch.	3

续表

科	属	种	备注
豆科 Leguminosae	锦鸡儿属 *Caragana* Fabr.	柠条锦鸡儿 *Caragana korshinskii* Kom.	3，*
	甘草属 *Glycyrrhiza* L.	甘草 *Glycyrrhiza uralensis* Fisch.	3，*
	米口袋属 *Gueldenstaedtia* Fisch.	米口袋 *Gueldenstaedtia multiflora* Bge.	3
		狭叶米口袋 *Gueldenstaedtia stenophylla* Bge.	3
	岩黄芪属 *Hedysarum* L.	塔落岩黄芪（变种）*Hedysarum fruticosum* Pall. var. *leave*（Maxim.）H. C. Fu	3，*
	胡枝子属 *Lespedeza* Michx.	长叶胡枝子 *Lespedeza caraganae* Bge.	3
		兴安胡枝子 *Lespedeza daurica*（Laxm.）Schindl.	3
		尖叶铁扫帚 *Lespedeza juncea*（L. f.）Pers.	3
		阴山胡枝子 *Lespedeza inschanica*（Maxim.）Schindl.	3
	苜蓿属 *Medicago* L.	紫苜蓿 *Medicago sativa* L.	3，*
	草木樨属 *Melilotus* Miller.	白花草木樨 *Melilotus albus* Medik.	3，*
		细齿草木樨 *Melilotus dentatus* Prol. sibiricus O. E. Schulz	3
		草木樨 *Melilotus officinalis*（L.）Lam.	3，*
	扁蓿豆属 *Melissitus* Medic.	花苜蓿 *Melissitus ruthenicus*（L.）C. W. Chang	3
	棘豆属 *Oxytropis* DC.	窄膜棘豆 *Oxytropis moellendorffii* Maxim.	3
		砂珍棘豆 *Oxytropis racemosa* Turcz	3
	菜豆属 *Phaseolus* L.	菜豆 *Phaseolus vulgaris* L.	3，*
	刺槐属 *Robinia* L.	刺槐 *Robinia pseudoacacia* L.	3，*
	槐属 *Sophora* L.	槐 *Sophora japonica* L.	3，*
	野决明属 *Thermopsis* R. Br.	披针叶野决明 *Thermopsis lanceolata* R. Br.	3
	野豌豆属 *Vicia* L.	山野豌豆 *Vicia amoena* Fisch. ex Ser.	3
		广布野豌豆 *Vicia cracca* L.	3
		歪头菜 *Vicia unijuga* A. Br.	3

续表

科	属	种	备注
牻牛儿苗科 Geraniaceae	牻牛儿苗属 *Erodium* L Her.	牻牛儿苗 *Erodium stephanianum* Willd.	3
	老鹳草属 *Geranium* L.	鼠掌老鹳草 *Geranium sibiricum* L.	3
亚麻科 Linaceae	亚麻属 *Linum* L.	野亚麻 *Linum stelleroides* Planch.	3
		亚麻 *Linum usitatissimum* L.	3，*
苦木科 Simaroubaceae	臭椿属 *Ailanthus* Desf.	臭椿 *Ailanthus altissima*（Mill.）Swingle	3，*
大戟科 Euphorbiaceae	大戟属 *Euphorbia* L.	乳浆大戟 *Euphorbia* esula L.	3
	地锦属 *Chamaesyce* Gray	地锦 *Chamaesyce humifusa* Willd. ex Schlecht.	3
锦葵科 Malvaceae	锦葵属 *Malva* L.	锦葵 *Malva sinensis* Cavan.	3
	木槿属 *Hibiscus* L.	野西瓜苗 *Hibiscus trionum* L.	3
柽柳科 Tamaricaceae	水柏枝属 *Myricaria* Desv.	宽苞水柏枝 *Myricaria bracteata* Royle	3
	柽柳属 *Tamarix* L.	柽柳 *Tamarix chinensis* Lour.	3
		多枝柽柳 *Tamarix ramosissima* Ledeb.	3
堇菜科 Violaceae	堇菜属 *Viola* L.	南山堇菜 *Viola chaerophylloides*（Regel） W. Beck.	3
		裂叶堇菜 *Viola dissecta* Ledeb.	3
		东北堇菜 *Viola mandshurica* W. Beck.	3
		紫花地丁 *Viola philippica* Cav.	3
		早开堇菜 *Viola prionantha* Bge.	3
		蒙古堇菜 *Viola mongolica* Franch.	3
瑞香科 Thymelaeaceae	狼毒属 *Stellera* L.	狼毒 *Stellera chamaejasme* L.	3
胡颓子科 Elaeagnaceae	胡颓子属 *Elaeagnus* L.	沙枣 *Elaeagnus angustifolia* L.	3，*
	沙棘属 *Hipophae* L.	沙棘 *Hipophae rhamnoides* L.	3，*
马钱科 Loganiaceae	醉鱼草属 *Buddleja* L.	互叶醉鱼草 *Buddleja alternifolia* Maxim.	3，*

续表

科	属	种	备注
龙胆科 Gentianaceae	龙胆属 *Gentiana* （Tourn. ）L.	鳞叶龙胆 *Gentiana squarrosa* Ledeb.	3
柳叶菜科 Onagraceae	月见草属 *Oenothera* L.	月见草 *Oenothera biennis* L.	3
木樨科 Oleaceae	连翘属 *Forsythia* Vahl	连翘 *Forsythia suspensa* （Thunb. ）Vahl	3，*
	丁香属 *Syringa* L.	紫丁香 *Syringa oblata* Lindl.	3，*
萝藦科 Asclepiadaceae	鹅绒藤属 *Cynanchum* L.	牛皮消 *Cynanchum auriculatum* Royle ex Wight	3
		鹅绒藤 *Cynanchum chinense* R. Br.	3
		地梢瓜 *Cynanchum thesioides* （Freyn）K. Schum.	3
旋花科 Convolvulaceae	打碗花属 *Calystegia* R. Br.	打碗花 *Calystegia hederacea* Wall.	3
	旋花属 *Convolvulus* L.	田旋花 *Convolvulus arvensis* L.	3
	菟丝子属 *Cuscuta* L.	南方菟丝子 *Cuscuta australis* R. Br.	3
紫草科 Boraginaceae	斑种草属 *Bothriospermum* Bge.	狭苞斑种草 *Bothriospermum kusnezowii* Bge. ex DC.	3
	鹤虱属 *Lappula* V. Wolf	鹤虱 *Lappula myosotis* V. Wolf	3
	砂引草属 *Messerschmidia* L.	细叶砂引草（变种）*Messerschmidia sibirica* （L. ）L. var. *angustior* （DC. ）W. T. Wang	3
	紫筒草属 *Stenosolenium* Turcz.	紫筒草 *Stenosolenium saxatile* （Pall. ）Turcz.	3
马鞭草科 Verbenaceae	莸属 *Caryopteris* Bge.	光果莸 *Caryopteris tangutica* Maxim.	3，*
唇形科 Labiatae	青兰属 *Dracocephalum* L.	香青兰 *Dracocephalum moldavica* L.	3
	益母草属 *Leonurus* L.	益母草 *Leonurus artemisia* （Lour. ）S. Y. Hu	3
		细叶益母草 *Leonurus sibiricus* L.	3
	薄荷属 *Mentha* L.	薄荷 *Mentha haplocalyx* Briq.	3

续表

科	属	种	备注
唇形科 Labiatae	黄芩属 *Scutellaria* L.	黄芩 *Scutellaria baicalensis* Georgi	3
		并头黄芩 *Scutellaria scordifolia* Fisch. ex Schrank	3
		粘毛黄芩 *Scutellaria viscidula* Bge.	3
	百里香属 *Thymus* L.	百里香 *Thymus mongolicus* （Ronniger）Ronn.	3
茄科 Solanaceae	天仙子属 *Hyoscyamus* L.	天仙子 *Hyoscyamus niger* L.	3
	枸杞属 *Lycium* L.	宁夏枸杞 *Lycium barbarum* L.	3，*
	茄属 *Solanum* L.	青杞 *Solanum septemlobum* Bge.	3
		龙葵 *Solanum nigrum* L.	3
紫葳科 Bignoniaceae	角蒿属 *Incarvillea* Juss.	角蒿 *Incarvillea sinensis* Lam.	3
车前科 Plantaginaceae	车前属 *Plantago* L.	平车前 *Plantago depressa* Willd.	3
		大车前 *Plantago major* L.	3
茜草科 Rubiaceae	茜草属 *Rubia* L.	茜草 *Rubia cordifolia* L.	3
忍冬科 Caprifoliaceae	忍冬属 *Lonicera* L.	忍冬 *Lonicera japonica* Thunb.	3，*
败酱科 Valerianaceae	败酱属 *Patrinia* Juss.	墓头回 *Patrinia heterophylla* Bge.	3
桔梗科 Campanulaceae	沙参属 *Adenophora* Fisch.	泡沙参 *Adenophora potaninii* Korsh.	3
菊科 Compositae	蒿属 *Artemisia* L.	莳萝蒿 *Artemisia anethoides* Mattf.	3
		黄花蒿 *Artemisia annua* L.	3
		艾 *Artemisia argyi* H. Lév. & Vaniot.	3
		无毛牛尾蒿（变种）*Artemisia dubia* Wall. ex Bess. var. *subdigitata* （Mattf.）Y. R. Ling	3
		南牡蒿 *Artemisia eriopoda* Bge.	3
		五月艾 *Artemisia indica* Willd.	3
		牡蒿 *Artemisia japonica* Thunb.	3

续表

科	属	种	备注
菊科 Compositae	蒿属 *Artemisia* L.	野艾蒿 *Artemisia lavandulifolia* DC.	3
		细杆沙蒿 *Artemisia macilenta*（Maxim.）Krasch.	3
		蒙古蒿 *Artemisia mongolica*（Fisch. ex Bess.）Nakai	3
		黑沙蒿 *Artemisia ordosica* Krasch.	3
		白莲蒿 *Artemisia sacrorum* Ledeb.	3
		灰莲蒿 *Artemisia sacrorum* var. *incana*（Bess.）Y. R. Ling	3
		猪毛蒿 *Artemisia scoparia* Waldst. & Kit.	3
		大籽蒿 *Artemisia sieversiana* Ehrhart ex Willd.	3
	紫菀属 *Aster* L.	三脉紫菀 *Aster ageratoides* Turcz.	3
		狭苞紫菀 *Aster farreri* W. W. Smith & Jeffrey	3
	鬼针草属 *Bidens* L.	小花鬼针草 *Bidens parviflora* Willd.	3
	飞廉属 *Carduus* L.	节毛飞廉 *Carduus acanthoides* L.	3
		丝毛飞廉 *Carduus crispus* L.	3
	蓟属 *Cirsium* Mill. emend. Scop	刺儿菜 *Cirsium setosum*（Willd.）Bess. ex M. Bieb.	3
	白酒草属 *Conyza* Less.	小蓬草 *Conyza canadensis*（L.）Cronq.	3
	秋英属 *Cosmos* Cav.	秋英 *Cosmos bipinnatus* Cav.	3
	还阳参属 *Crepis* L.	北方还阳参 *Crepis crocea*（Lam.）Babc.	3
	菊属 *Dendranthema*（DC.）Des Moul.	小红菊 *Dendranthema chanetii*（Levl.）Shih	3
	蓝刺头属 *Echinops* L.	砂蓝刺头 *Echinops gmelinii* Turcz.	3
	泥胡菜属 *Hemistepta* Bge.	泥胡菜 *Hemistepta lyrata*（Bge.）Bge.	3
	狗娃花属 *Heteropappus* Less.	阿尔泰狗娃花 *Heteropappus altaicus*（Willd.）Novopokr.	3
	旋覆花属 *Inula* L.	欧亚旋覆花 *Inula britannica* L.	3
		旋覆花 *Inula japonica* Thunb.	3
		蓼子朴 *Inula salsoloides*（Turcz.）Ostenf.	3

续表

科	属	种	备注
菊科 Compositae	小苦荬属 *Ixeridium* （A. Gray）Tzvel.	中华小苦荬 *Ixeridium chinense* （Thunb. ）Tzvel.	3
		窄叶小苦荬 *Ixeridium gramineum* （Fisch. ）Tzvel.	3
		抱茎小苦荬 *Ixeridium sonchifolium* （Maxim. ）Shih	3
	马兰属 *Kalimeris* Cass.	马兰 *Kalimeris indica* （L. ）Sch. －Bip.	3
		全叶马兰 *Kalimeris integrifolia* Turcz. ex DC.	3
	大丁草属 *Gerbera* Cass.	大丁草 *Gerbera anandria* （L. ）Sch. －Bip.	3
	火绒草属 *Leontopodium* R. Brown.	火绒草 *Leontopodium leontopodioides* （Willd. ）Beauverd	3
		长叶火绒草 *Leontopodium longifolium* Ling	3
	乳苣属 *Mulgedium* Cass.	乳苣 *Mulgedium tataricum* （L. ）DC.	3
	栉叶蒿属 *Neopallasia* Poljak.	栉叶蒿 *Neopallasia pectinate* （Pall. ）Poljak.	3
	蝟菊属 *Olgaea* Iljin	刺疙瘩 *Olgaea tangutica* Iljin	3
	风毛菊属 *Saussurea* DC.	草地风毛菊 *Saussurea amara* （L. ）DC.	3
		风毛菊 *Saussurea japonica* （Thunb. ）DC.	3
	鸦葱属 *Scorzonera* L.	华北鸦葱 *Scorzonera albicaulis* Bge.	3
		鸦葱 *Scorzonera austriaca* Willd.	3
	麻花头属 *Serratula* L.	麻花头 *Serratula centauroides* L.	3
		缢苞麻花头 *Serratula strangulata* Iljin	3
	苦苣菜属 *Sonchus* L.	长裂苦苣菜 *Sonchus brachyotus* DC.	3
		苦苣菜 *Sonchus oleraceus* L.	3
	蒲公英属 *Taraxacum* F. H. Wigg.	蒲公英 *Taraxacum mongolicum* Hand. －Mazz.	3
		白缘蒲公英 *Taraxacum platypecidum* Diels	3
	苍耳属 *Xanthium* L.	苍耳 *Xanthium sibiricum* Patrin ex Widder	3

续表

科	属	种	备注
禾本科 Gramineae	芨芨草属 *Achnatherum* Beauv.	羽茅 *Achnatherum sibiricum*（L.）Keng ex Tzvelev	3
		芨芨草 *Achnatherum splendens*（Trin.）Nevski	3
	燕麦属 *Avena* L.	野燕麦 *Avena fatua* L.	3
	雀麦属 *Bromus* L.	无芒雀麦 *Bromus inermis* Leyss.	3，*
	拂子茅属 *Calamagrostis* Adans.	拂子茅 *Calamagrostis epigeios*（L.）Roth	3
		大拂子茅 *Calamagrostis macrolepis* Litv.	3
		假苇拂子茅 *Calamagrostis pseudophragmites*（Haller. f.）Koeler	3
	虎尾草属 *Chloris* Sw.	虎尾草 *Chloris virgata* Sw.	3
	隐子草属 *Cleistogenes* Keng	糙隐子草 *Cleistogenes squarrosa*（Trin.）Keng	3
		中华隐子草 *Cleistogenes chinensis*（Maxim.）Keng	3
	野青茅属 *Deyeuxia* Clarion	糙毛野青茅（变种）*Deyeuxia arundinacea* P. Beauv. var. *hirsuta*（Hack.）P. C. Kuo & S. L. Lu	3
	马唐属 *Digitaria* Hall.	止血马唐 *Digitaria ischaemum*（Schreb.）Muhl.	3
	稗属 *Echinochloa* Beauv.	稗 *Echinochloa crusgalli*（L.）P. Beauv.	3
		无芒稗（变种）*Echinochloa crusgalli*（L.）P. Beauv. var. *mitis*（Pursh）Peterm.	3
	披碱草属 *Elymus* L.	披碱草 *Elymus dahuricus* Turcz ex Griseb	3
		肥披碱草 *Elymus excelsus* Turcz ex Griseb	3
		老芒麦 *Elymus sibiricus* L.	3
	画眉草属 *Eragrostis* Beauv.	画眉草 *Eragrostis Pilosa*（L.）Beauv.	3
	野黍属 *Eriochloa* Kunth	野黍 *Eriochloa villosa*（Thunb.）Kunth	3
	茅香属 *Hierochloe* R. Br.	茅香 *Hierochloe odorata*（L.）P. Beauv.	3
	大麦属 *Hordeum* L.	芒颖大麦草 *Hordeum jubatum* L.	3
	赖草属 *Leymus* Hochst.	羊草 *Leymus chinensis*（Trin.）Tzvelev	3
		赖草 *Leymus secalinus*（Georgi）Tzvelev	3

续表

科	属	种	备注
禾本科 Gramineae	臭草属 *Melica* L.	抱草 *Melica virgata* Turcz. ex Trin.	3
	黍属 *Panicum* L.	稷 *Panicum miliaceum* L.	3
	狼尾草属 *Pennisetum* Rich.	白草 *Pennisetum centrasiaticum* Tzvelev	3
	芦苇属 *Phragmites* Adans.	芦苇 *Phragmites australis*（Cav.）Trin. ex Steud.	3
	早熟禾属 *Poa* L.	早熟禾 *Poa annua* L.	3
		堇色早熟禾 *Poa ianthina* Keng ex Shan Chen	3
		林地早熟禾 *Poa nemoralis* L.	3
		硬质早熟禾 *Poa sphondylodes* Trin.	3
	鹅观草属 *Roegneria* C. Koch.	纤毛鹅观草 *Roegneria ciliaris*（Trin.）Nevski	3
		缘毛鹅观草 *Roegneria pendulina* Nevski	3
		多变鹅观草 *Roegneria varia* Keng	3
	狗尾草属 *Setaria* Beauv.	大狗尾草 *Setaria faberii* R. A. W. Herrm.	3
		金色狗尾草 *Setaria glauca*（L.）P. Beauv.	3
		粱 *Setaria italica*（L.）P. Beauv.	3
		狗尾草 *Setaria viridis*（L.）P. Beauv.	3
	针茅属 *Stipa* L.	长芒草 *Stipa bungeana* Trin.	3
		镰芒针茅 *Stipa caucasica* Schmalh.	3
		大针茅 *Stipa grandis* P. A. Smirn.	3
		西北针茅（变种）*Stipa sareptana* A. K. Becker var. *krylovii*（Roshev.）P. C. Kuo & Y. H. Sun	3
	锋芒草属 *Tragus* Hall.	虱子草 *Tragus berteronianus* Schult.	3
鸭跖草科 Commelinaceae	鸭跖草属 *Commelina* L.	鸭跖草 *Commelina communis* L.	3

续表

科	属	种	备注
百合科 Liliaceae	葱属 *Allium* L.	薤白 *Allium macrostemon* Bge.	3
		山韭 *Allium senescens* L.	3
		北葱 *Allium schoenoprasum* L.	3
		细叶韭 *Allium tenuissimum* L.	3
	天门冬属 *Asparagus* L.	曲枝天门冬 *Asparagus trichophyllus* Bge.	3
薯蓣科 Dioscoreaceae	薯蓣属 *Dioscorea* L.	穿龙薯蓣 *Dioscorea nipponica* Makino	3

注：1 为苔藓植物 Bryophyte；2 为裸子植物 Gymnosperm；3 为被子植物 Angiosperm；* 为人工种植植物。 柠条锦鸡儿在正文中统一简写为柠条。

参考文献

艾训儒．人为干扰对森林群落及生物多样性的影响［J］．福建林业科技，2006，33（3）：5－9.

卞正富．矿区开采沉陷农用土地质量空间变化研究［J］．中国矿业大学学报，2004，33（2）：213－218.

柏佳，谭长银，曹雪莹，等．3种有机酸对伴矿景天修复效率及土壤微生物数量的影响［J］．水土保持学报，2020，34（2）：318－324.

蔡小溪，林文树，吴金卓，等．森林健康评价研究综述［J］．森林工程，2014，30（5）：22－26.

曹裕松，李志安，江远清，等．陆地生态系统土壤呼吸研究进展［J］．江西农业大学学报，2004，26（1）：138－143.

常建娥，蒋太立．层次分析法确定权重的研究［J］．武汉理工大学学报（信息与管理工程版），2007，29（1）：153－156.

陈高，代力民，范竹华，等．森林生态系统健康及其评估监测［J］．应用生态学报，2002，13（5）：605－610.

陈金磊，方晰，辜翔，等．中亚热带2种森林群落组成、结构及区系特征［J］．林业科学，2019，55（2）：159－172.

陈龙飞，何志斌，杜军，等．土壤碳循环主要过程对气候变暖响应的研究进展［J］．草业学报，2015，24（11）：183－194.

陈诗．伏牛山南北坡松栎混交林群落结构及土壤特性研究［D］．郑州：河南农业大学，2018.

陈遐林．华北主要森林类型的碳汇功能研究［D］．北京：北京林业大学，2003.

崔玉亭，韩纯儒，卢进登．集约高产农业生态系统有机物分解及土壤呼吸动态研究［J］．应用生态学报，1997，8（1）：59－64.

笪建原，张绍良，王辉，等．高潜水位矿区耕地质量演变规律研究：以徐州矿区为例［J］．中国矿业大学学报，2005，34（3）：383－389.

代林利，周丽丽，伍丽华，等．不同林分密度杉木林生态系统碳密度及其垂直空间分配特征［J］．生态学报，2022，42（2）：1－10.

董倩，李素清．安太堡露天煤矿区复垦地不同植被下草本植物群落生态关系研究［J］．中国农学通报，2018，34（4）：95－100.

范军富，王秀兰．海州露天矿排土场野生植物侵入状况［J］．黑龙江科技学院学报，2006，（6）：387－389.

范凯凯，李淑贞，陈金强，等．呼伦贝尔草原土壤呼吸作用空间异质性分析［J］．草地学报，2022，30（1）：205－211.

范玮熠．子午岭森林群落特征及主要建群种更新机制［D］．西安：陕西师范大学，2014.

方精云，刘国华，徐嵩龄．我国森林植被的生物量和净生产量［J］．生态学报，1996，16（5）：497－508.

方精云，王娓．作为地下过程的土壤呼吸：我们理解了多少？［J］．植物生态学报，2007，31（3）：345－347.

冯宗炜，陈楚莹，张家武，等．湖南会同地区马尾松林生物量的测定［J］．林业科学，1982，18（2）：127－134.

冯宗炜，王效科，吴刚．中国森林生态系统的生物量和生产力［M］．北京：科学出版社，1999.

甘敬，朱建刚，张国祯，等．基于BP神经网络确立森林健康快速评价指标［J］．林业科学，2007，43（12）：1－7.

高会议，郭胜利，刘文兆．黄土旱塬裸地土壤呼吸特征及其影响因子［J］．生态学报，2011，31（18）：5217－5224.

高妍夏．秦岭山地4种典型阔叶次生林群落结构及其更新特征［D］．杨凌示范区：西北农林科技大学，2012.

耿绍波，汪兆洋，赵秀海，等．长白山原始阔叶红松林主要乔木树种垂直结构分形分析［J］．东北林业大学学报，2013，41（10）：50－53，59.

谷建才，陆贵巧，白顺江，等．森林健康评价指标及应用研究［J］．河北农业大学学报，2006，29（2）：68－71.

桂旭君，练琚愉，张入匀，等．鼎湖山南亚热带常绿阔叶林群落垂直结构及其物种多样性特征［J］．生物多样性，2019，27（6）：619－629.
郭春燕，李晋川，岳建英，等．安太堡露天煤矿复垦区人工林生态系统健康评价［J］．西北林学院学报，2017，32（5）：83－90.
郭春燕，李晋川，岳建英，等．安太堡露天煤矿复垦区不同人工林土壤呼吸特征［J］．水土保持通报，2015，35（3）：55－61.
郭逍宇，张金屯，宫辉力．安太堡矿区复垦地植被恢复过程多样性变化［J］．生态学报，2005，25（4）：763－770.
郭艳荣．内蒙古中部山地油松人工林健康评价研究［D］．呼和浩特：内蒙古农业大学，2011.
郝蓉，白中科，赵景逵．黄土区大型露天煤矿废弃地植被恢复过程中的植被动态［J］．生态学报，2003，23（8）：1470－1476.
郝文芳，杜峰，陈小燕．黄土丘陵区天然群落的植物组成、植物多样性及其与环境因子的关系［J］．草地学报，2012，20（4）：610－615.
何志华，朱岩峰，邱雅林，等．不同人为干预方式对子午岭植物群落组成及多样性的影响［J］．西北林学院学报，2017，32（6）：87－95.
侯红亚．小兴安岭原始阔叶红松林空间结构的研究［D］．哈尔滨：东北林业大学，2014.
胡爽，徐誉远，王本洋．我国森林健康评价方法综述［J］．林业与环境科学，2017，33（1）：90－96.
黄润霞，徐明锋，刘婷，等．亚热带5种森林类型林下植物物种多样性及其环境解释［J］．西南林业大学学报（自然科学），2020，40（2）：53－62.
贾希洋，马红彬，周瑶，等．不同生态恢复措施对宁夏黄土丘陵区典型草原植物群落特征的影响［J］．中国草地学报，2019，41（1）：51－60.
蒋有绪，郭泉水，马娟．中国森林群落分类及其群落学特征［M］．北京：科学出版社，1998.
江波．浙江省生态公益林群落结构特征及其调控研究［D］．北京：北京林业大学，2005.
孔红梅，赵景柱，姬兰柱．生态系统健康评价方法初探［J］．应用生态学报，2002，13（4）：486－490.
李博．生态学［M］．北京：高等教育出版社，2006.
李红生，刘广全，王鸿喆，等．黄土高原四种人工植物群落土壤呼吸季节变化及其影响因子［J］. 生态学报，2008，28（9）：4099－4106.
李建贵，宁虎森，刘斌 . 梭梭种群性状结构与空间分布格局的初步研究［J］. 新疆农业大学学报，2003，26（3）：51－54.
李晋川，白中科 . 露天煤矿土地复垦与生态重建［M］. 北京：科学出版社，2000.
李霖，李素清 . 阳泉矿区煤矸石山复垦地不同植被下草本植物群落优势种种间关系及生态位［J］. 中国农学通报，2019，35（1）：80－87.
李梅 . 冀北山地华北落叶松人工林健康评价［D］. 保定：河北农业大学，2013.
李文华，邓坤枚，李飞 . 长白山主要森林生态系统生物量生产量的研究［J］. 森林生态系统研究，1981，18（1）：34－50.
李鑫 . 安太堡露天矿排土场不同恢复模式人工林生态系统健康评价［D］. 呼和浩特：内蒙古大学，2017.
李旭华 . 晋南地区植被与环境关系分析［D］. 太原：山西大学，2014.
李亚森，丁松爽，刘国顺 . 农田生态系统土壤呼吸测定方法研究进展［J］. 土壤通报，2018，49（3）：743－749.
李艳梅，王静爱，雷勇鸿，等 . 基于承灾体的中国森林火灾危险性评价［J］. 北京师范大学学报（自然科学版），2005，41（1）：92－96.
李珍存，张峰 . 崆峒山灌木种质资源调查及群落演替过程［J］. 中国水土保持科学，2015，13（6）：133－140.
廖国莉，段劼，贾忠奎，等 . 辽东地区不同林龄长白落叶松人工林生态系统碳储量分配特征［J］. 东北林业大学学报，2020，48（11）：8－13，22.
刘波，李学斌，何高吉，等 . 基于 Web of Science 数据库的土壤呼吸知识图谱分析［J］. 土壤通报，2021，52（2）：443－453.
刘广，张晓丽 . 森林生态系统碳通量遥感估算中若干问题的探讨［J］. 世界林业研究，2007，20（6）：17－22.
刘金良，于泽群，张顺祥，等 . 渭北黄土高原区刺槐人工林健康评价体系的构建［J］. 西北农林科技大学学报（自然科学版），2014，42（6）：93－99.
刘丽艳，张峰，秦浩 . 山西太行山森林群落物种多样性研究［J］. 山西大学学报（自然科学版），2019，42（3）：673－681.
刘旻霞，王刚 . 高寒草甸植物群落多样性及土壤因子对坡向的响应［J］. 生态学杂志，2013，32（2）：259－265.
刘旻霞，马建祖 . 甘南高寒草甸植物功能性状和土壤因子对坡向的响应［J］. 应用生态学报，2012，23（12）：3295－3300.

刘杨波，李素清．潞安矿区煤矸石山复垦地不同植被下草本植物群落特征［J］．应用与环境生物学报，2020，26（5）：1－11.
卢景龙，梁守伦，刘菊．山西省森林植被生物量和碳储量估算研究［J］．中国农学通报，2012，28（31）：51－56.
卢宁，李晋川，郭春燕，等．露天煤矿复垦地土壤呼吸的日变化研究：以安太堡露天煤矿排土场为例［J］．山西农业科学，2010，38（4）：52－54，64.
鲁如坤．土壤农业化学分析方法［M］．北京：中国农业科技出版社，2000.
鲁绍伟，刘凤芹，余新晓，等．北京市八达岭林场森林生态系统健康性评价［J］．水土保持学报，2006，20（3）：79－82，105.
陆龙龙．长白山林区阔叶红松林不同演替阶段群落结构特征研究［D］．吉林：北华大学，2019.
罗梅．福建将乐林场杉木人工林健康评价［D］．北京：北京林业大学，2013.
马克明，孔红梅，关文彬．生态系统健康评价：方法与方向［J］．生态学报，2001，21（12）：2106－2116.
马克平．生物群落多样性的测度方法Ⅰ α 多样性的测度方法（上）［J］．生物多样性，1994，2（3）：162－168.
马克平．试论生物多样性的概念［J］．生物多样性，1993，1（1）：20－22.
马学威，熊康宁，张俞，等．森林生态系统碳储量研究进展与展望［J］．西北林学院学报，2019，34（5）：62－72.
马炜，孙玉军．我国的森林生物量研究［J］．世界林业研究，2009，22（5）：71－76.
牛春梅，关晋宏，程然然，等．黄土高原中西部刺槐人工林生态系统碳密度及其影响因子［J］．生态学报，2017，37（15）：5049－5058.
汝海丽，张海东，焦峰，等．黄土丘陵区微地形对草地植物群落结构组成和功能特征的影响［J］．应用生态学报，2016，27（1）：25－32.
潘维俦，李利村，高正衡，等．杉木人工林生态系统中的生物产量及其生产力的研究［J］．湖南林业科技，1978（5）：1－12.
潘子关．安太堡露天矿复垦地群落数量特征及空间分布研究［D］．北京：中国地质大学（北京），2012.
阮宏华，姜志林，高苏铭．苏南丘陵主要森林类型碳循环研究——含量与分布规律［J］．生态学杂志，1997，16（6）：18－22.
珊丹，邢恩德，荣浩，等．草原矿区排土场不同植被配置类型生态恢复［J］．生态学杂志，2019，38（2）：336－342.
珊丹，何京丽，刘艳萍，等．草原矿区排土场恢复重建人工植被变化［J］．生态科学，2017，36（2）：57－62.
沈彪，党坤良，武朋辉，等．秦岭中段南坡油松林生态系统碳密度［J］．生态学报，2015，35（6）：1798－1806.
沈剑波，雷相东，舒清态，等．国内外森林健康评价指标体系综述［J］．科技导报，2011，29（33）：72－79.
苏洁琼，李新荣，回嵘，等．氮沉降对荒漠化草原草本植物物种多样性和群落组成的影响［J］．西北植物学报，2012，32（4）：795－801.
孙东辉．半干旱区露天煤矿生态复垦植物群落格局及动态［D］．太原：山西大学，2012.
唐凯，丁丽佳，陈往溪．土壤呼吸研究概述［J］．广东气象，2008，30（3）：36－38.
田胜尼，孙庆业，王铮峰，等．铜陵铜尾矿废弃地定居植物及基质理化性质的变化［J］．长江流域资源与环境，2005，14（1）：88－93.
田志杰，刘晓莹，陈春兰，等．五台山臭冷杉林土壤呼吸时空变化特征［J］．生态学杂志，2020，39（12）：3952－3960.
铁军，李燕芬，王霞，等．山西历山国家级自然保护区猕猴栖息地森林群落物种多样性［J］．生态学杂志，2015，34（11）：3009－3015.
王晨晨，王珍，张新杰，等．增温对荒漠草原植物群落组成及物种多样性的影响［J］．生态环境学报，2014，23（1）：43－49.
王冬至，张冬燕，张志东，等．冀北山区不同林龄落叶松人工林林分结构及更新［J］．中南林业科技大学学报，2015，35（10）：33－39.
王方．金沟岭林场落叶松人工林健康评价与经营研究［D］．北京：北京林业大学，2012.
王凤文，杨书运，徐小牛，等．北亚热带两种森林类型的土壤呼吸研究［J］．亚热带植物科学，2010，39（3）：4－7.
王改玲，张振云，李晋川，等．安太堡露天煤矿复垦土地野生植物侵入研究初报［J］．山西农业大学学报，2000，20（4）：386－388.
王改玲，白中科，赵景逵．安太堡露天煤矿排土场刺槐生长状况研究［J］．煤矿环境保护，2000，14（2）：21－24.
王荷生，张镱锂，黄劲松．华北地区种子植物区系研究［J］．云南植物研究，1995，增刊Ⅶ：32－54.
王海荣．矿区土地修复和生态恢复现状及趋势［J］．绿色科技，2016（6）：66－68，69.
王俊惠，王理想，白雪莲，等．露天煤矿排土场自然恢复植被空间异质性分析［J］．鲁东大学学报（自然科学版），2018，34（3）：279－288.
王凯，刘锋，祝畅，等．阜新露天矿排土场边坡植物多样性与生产力特征［J］．水土保持通报，2015，35（1）：338－343.
王磊．层次分析法的应用［J］．科技信息，2007（25）：193－194.
王丽媛，郭东罡，白中科．露天煤矿生态复垦区刺槐+油松混交林下草本植物组成及空间分布格局［J］．应用与环境生物学报，2012，18（3）：399－404.
王璐，鹿宝莲，田晓波，等．山西省自然保护区中的湿地种子植物区系组成特征［J］．湿地科学，2014，12（3）：299－305.
王荣女．毛乌素沙地不同类型生物土壤结皮-土壤呼吸的季节变化特征［J］．干旱区研究，2021，38（4）：961－972.
王同智，薛焱，包玉英，等．不同复垦方式煤矿排土场植物群落与土壤因子的关系［J］．西北植物学报，2014，34（3）：587－594.
王翔，李晋川，岳建英，等．安太堡露天矿复垦地不同人工植被恢复下的土壤酶活性和肥力比较［J］．环境科学，2013，34（9）：3601－3606.
王亚军，郁珊珊．西双版纳热带季雨林土壤呼吸变化规律及其影响因素［J］．水土保持研究，2016，23（1）：133－138，144.
汪殿蓓，暨淑仪，陈飞鹏．植物群落物种多样性研究综述［J］．生态学杂志，2001，19（4）：55－60.
魏强，凌雷，张广忠，等．兴隆山森林群落不同演替阶段优势乔木种群结构特征［J］．南京林业大学学报（自然科学版），2015，39（5）：59－66.
魏书精，罗碧珍，魏书威，等．森林生态系统土壤呼吸测定方法研究进展［J］．生态环境学报，2014，23（3）：504－514.
温远光，元昌安，李信贤，等．大明山中山植被恢复过程植物物种多样性的变化［J］．植物生态学报，1998，22（1）：34－41.
吴建国，徐德应．土地利用变化对土壤有机碳的影响——理论、方法和实践［M］．北京：中国林业出版社，2004.
吴联杯，施晓春，邹丽娜，等．安溪云中山南岭栲径级结构与种间关联性研究［J］．西南林业大学学报（自然科学），2018，38（5）：116－123.

吴征镒，周浙昆，孙航．种子植物分布区类型及其起源和分化［M］．昆明：云南科技出版社，2006.
吴征镒．中国种子植物属的分布区类型［J］．云南植物研究（增刊），1991：1－178.
吴征镒，周浙昆，李德珠．世界种子植物科的分布区类型系统［J］．云南植物研究，2003，25（3）：245－257.
吴征镒，孙航，周浙昆．中国种子植物区系地理［M］．北京：科学出版社，2011.
吴征镒．中国植被［M］．北京：科学出版社，1995：260－261.
奚为民．灵雾山国家自然保护区森林群落物种多样性研究［J］．生物多样性，1997，5（2）：121－125.
谢春平，方彦，方炎明．乌冈栎群落垂直结构与重要值分析［J］．安徽农业大学学报，2011，38（2）：176－184.
谢勇，初晓辉，陈功，等．管理模式对青藏高原南缘亚高山草甸土壤呼吸的影响［J］．云南农业大学学报（自然科学），2016，31（5）：823－829.
邢慧．安太堡露天矿不同恢复模式下木本植物种群动态与土壤质量相关分析［D］．太原：山西大学，2015.
熊修文，周华强．滇中高原华山松人工林健康状况评价——以昆明市国营海口林场为例［J］．江苏林业科技，2019，46（3）：1－5.
熊樱．延安城郊刺槐人工林健康评价及其林分结构配置研究［D］．杨凌示范区：西北农林科技大学，2013.
徐冰，郭兆迪，朴世龙，等．2000—2050 年中国森林生物量碳库，基于生物量密度与林龄关系的预测［J］．中国科学，2010，40（7）：587－594.
徐梅，关庆伟．徐州侧柏人工林健康评价研究［J］．西南林业大学学报，2014，34（2）：39－43，54.
徐鹏彬，邓建明，赵长明．甘肃尕海湿地不同海拔草地群落组分及物种多样性研究［J］．草业学报，2012，21（2）：219－226.
许光辉．土壤微生物分析方法手册［M］．北京：农业出版社，1986.
许建伟，李晋川，白中科，等．黄土区大型露天矿复垦地土壤对植物多样性的影响研究：以平朔安太堡露天矿排土场为例［J］．山西农业科学，2010，38（4）：48－51.
许金凤，马红梅，张建全，等．兰州南北两山种子植物区系［J］．草业科学，2016，33（3）：408－423.
许丽，樊金栓，周心澄，等．阜新市海州露天煤矿排土场植被自然恢复过程中物种多样性研究［J］. 干旱区资源与环境，2005，19（6）：154－159.
许敏，熊康宁，张俞，等. 喀斯特石漠化地区不同土地利用方式下土壤呼吸的季节动态［J］. 西南农业学报，2021，34（10）：2240－2247.
许友. 浅谈人工林生长发育阶段划分［J］. 民营科技，2012，（11）：136.
杨金艳，王传宽. 东北东部森林生态系统土壤呼吸组分的分离量化［J］. 生态学报，2006，26（6）：1640－1647.
杨晶，黄建辉，詹学明，等. 农牧交错区不同植物群落土壤呼吸日动态观测与测定方法比较［J］. 植物生态学报，2004，28（3）：318－325.
杨席席，徐小忠，阮振，等. 人工陆桥岛屿系统土壤呼吸速率及其影响因子［J］. 应用生态学报：2022，33（10）：2753－2759.
杨智杰，郑裕雄，陈仕东，等. 应用小波多尺度分析亚热带森林土壤异养呼吸特征［J］. 生态学报，2018，38（14）：5078－5086.
杨枝林. 马尾松人工林林分活力与健康研究［D］. 长沙：中南林业科技大学，2012.
殷博，董鹏飞，党坤良. 抚育间伐对红桦林生态系统碳密度的影响［J］. 西北林学院学报，2019，34（1）：105－112.
袁菲，张星耀，梁军. 基于干扰的汪清林区森林生态系统健康评价［J］. 生态学报，2013，33（12）：3722－3731.
岳建英，郭春燕，李晋川，等. 安太堡露天煤矿复垦区野生植物定居分析［J］. 干旱区研究，2016，33（2）：399－409.
岳永杰. 北京山区防护林优势树种群落结构研究［D］. 北京：北京林业大学，2008.
查奇芬，董洁，陈祖功. 主客观组合赋权法在科技成果转化评价分析中的应用［J］. 统计与决策，2009，（16）：152－154.
章家恩，骆世明. 农业生态系统健康的基本内涵及其评价指标［J］. 应用生态学报，2004，15（8）：1473－1476.
张根涛. 广西国有沙塘林场桉树人工林健康评价研究［D］. 南宁：广西大学，2018.
张和钰，周华荣，叶琴，等. 新疆额尔齐斯河流域典型地区灌木群落多样性［J］. 生态学杂志，2016，35（5）：1188－1196.
张宏达，王伯荪，张超常，等. 广东高要鼎湖山植物群落之研究［J］. 中山大学学报（自然科学版），1955，（3）：159－227.
张金屯. 数量生态学. 第二版［M］. 北京：科学出版社，2011.
张萌，卢杰，任毅华. 土壤呼吸影响因素及测定方法的研究进展［J］. 山东林业科技，2021，51（2）：100－106，92.

张敏，黄国胜，王雪军．应用层次分析方法进行森林自然性评价的探讨［J］．林业资源管理，2004，6（3）：25－28.
张青，毕润成，吴兆飞，等．安太堡露天煤矿植被恢复区物种天然更新时空动态［J］．生态学杂志，2016，35（12）：3223－3232.
张顺祥，刘金良，赵忠．基于多元统计分析的永寿县刺槐人工林健康评价研究［J］．西北林学院学报，2016，31（2）：109－114.
张雅楠．黑岱沟排土场复垦地植被类型及土壤理化性质的研究［D］．呼和浩特：内蒙古农业大学，2013.
赵红洋．黄土边坡喷播及植物群落特征和害虫防治研究［D］．兰州：甘肃农业大学，2011.
赵敏，周广胜．中国森林生态系统的植物碳贮量及其影响因子分析［J］．地理科学，2004，24（1）：50－54.
赵鸣飞，王宇航，邢开雄，等．黄土高原山地森林群落植物区系特征与地理格局［J］．地理学报，2014，69（7）：916－925.
赵爽，王邵军，杨波，等．接种丛枝菌根真菌对云南石漠化土壤呼吸的影响［J］．生态学报，2022（21）：1－9.
赵洋，张鹏，胡宜刚，等．露天煤矿排土场不同配置人工植被对草本植物物种多样性的影响［J］．生态学杂志，2015，34（2）：387－392.
赵勇钧，谢阳生，王建军，等．基于多元统计分析的马尾松人工林健康评价研究——以广西热带林业实验中心为例［J］．中南林业科技大学学报，2019，39（7）：100－107.
郑元润．大青沟森林植物群落物种多样性研究［J］．生物多样性，1998，6（3）：31－36.
周涛，苏正安，何周窈，等．不同恢复年限矿山排土场植物群落特征［J］．草业科学，2019，36（6）：1508－1517.
周洋，郑小贤，高祥，等．金沟岭林场落叶松人工林健康评价研究［J］．西北林学院学报，2014，29（1）：134－137.
朱凡，王光军，田大伦，等．杉木人工林去除根系土壤呼吸的季节变化及影响因子［J］．生态学报，2010，30（9）：2499－2506.
Ahmad B，Wang Y H，Hao J，et al. Variation of carbon density components with overstory structure of Larch plantations in northwest China and its implication for optimal forest management［J］. Forest Ecology and Management，2021，496：1－11.

Al－Reza D D，Prasetyo L B，Hermawan R. Biodiversity of plants and birds in reclamation area of PT Bukit Asam，Muara Enim，south Sumatera［J］. Jurnal Manajemen Hutan Tropika，2016，22（3）：158－168.

Andersen C P，Nikilov I，Nikolova P，et al. Estimating "autotrophic" belowground respiration in spruce and beech forests decreases following girdling［J］. European Journal of Scientific Research，2005，124：155－163.

Anonymous. Microbiology and Ecology；Study results from university of Copenhagen in the area of microbiology and ecology published［J］. Energy & Ecology Business，2008.

Bakhshandeh S，Corneo P E，Yin L，et al. Drought and heat stress reduce yield and alter carbon rhizodeposition of different wheat genotypes［J］. Journal of Agronomy and Crop Science，2019，205（2）：157－167.

Bhupinderpal－Singh，Nordgren A，Lofvenius M O，et al. Tree root and soil heterotrophic respiration as revealed by girdling of boreal Scots pine forest：extending observations beyond the first year［J］. Plant Cell Environ，2003，26（8）：1287－1296.

Bo E. Seasonal trends of soil CO_2 dynamics in a soil subject to freezing［J］. Journal of Hydrology，2003，276（1）：159－175.

Borken W，Matzner E. Reappraisal of drying and wetting effects on C and N mineralization and fluxes in soils［J］. Global Change Biol，2009，15（4）：808－824.

Bowden R D，Nadelhoffer K J，Boone R D. Contribution of aboveground litter，belowground litter，and root respiration to total soil respiration in a temperate mixed hardwood forest［J］. Canadian Journal of Forest Research，1993，23（7）：1402－1407.

Bradford M A，Davies C A，Frey S D，et al. Thermal adaptation of soil microbial respiration to elevated temperature［J］. Ecol lett，2008，11（12）：1316－1327.

Burton A J，Pregitzer K S，Ruess R W，et al. Root respitation in north American forests：effects of nitrogen concentration and temperature across biomes［J］. Oecologia，2002，131（4）：559－568.

Chiang J M，Mcewan R W，Yaussy D A，et al. The effects of prescribed fire and silvicultural thinning on the aboveground carbon stocks and net primary production of overstory trees in an oak－hickory ecosystem in southern Ohio［J］. Forest Ecology &. Management，2008，255（5）：1584－1594.

Christian D，Timothy G J，Sally R，et al. Plant species effects on the carbon storage capabilities of a blanket bog complex［J］. Wetlands，2016，36（1）：47－58.

Conant R T, Klopatek J M, Klopatek C C. Environmental factors controlling soil respiration in three semiarid ecosystems [J]. Soil Science Society of America Journal, 2000, 64 (1): 383 - 390.

Fang C, Moncrieff J B. The dependence of soil CO_2 efflux on temperature [J]. Biology and Biochemistry, 2001, 33 (2): 155 - 165.

Fang J Y, Chen A P, Peng C H, et al. Changes in forest biomass carbon storage in China between 1949 and 1998 [J]. Science, 2001, 292 (5525): 2320 - 2322.

Frost I, Rydin H. Spatial pattern and size distribution of the animal - dispersed tree Quercus robur in two spruce - dominated forests [J]. Ecoscience, 2000, 7 (1): 38 - 44.

Gaudinski J B, Trumbore S E, Davidson E A, et al. Soil Carbon cycling in a temperate forest: radiocarbon - based estimates of residence times, sequestration rates and partitioning of fluxes [J]. Biogeochemistry, 2000, 51 (1): 33 - 69.

Gaumont G, Andrew B T, Griffins T J. Interpreting the dependence of soil respiration on soil temperature and water content in a boreal aspen stand [J]. Agricultural and Forest Meteorology, 2006, 140 (1): 220 - 235.

Goodrick I, Connor S, Bird M I, et al. Emission of CO_2 from tropical riparian forest soil is controlled by soil temperature, soil water content and depth to water table [J]. Soil Research, 2016, 54 (3): 311.

Gower S T, Krankina O N, Olson R J, et al. Net primary production and carbon allocation patterns of boreal forest ecosystems [J]. Ecological Applications, 2001, 11 (5): 1395 - 1411.

Guo C Y, Zhang F, Wang X, et al. Effects of meteorology and soil on the herb species diversity in plantations in a reclamation area of coal mine after 6 years [J]. Environmental Science and Pollution Research, 2020, 27 (19): 24231 - 24241.

Guo C Y, Zhang J H, Wu Y Z, et al. Effects of soil properties on the performance of black locust (*Robinia pseudoacacia*) in a reclamation area [J]. Applied Ecology and Environmental Research, 2022, 20 (4): 3245 - 3259.

Hanson P J, Edwards N T, Garten C T, et al. Separating root and soil microbial contributions to soil respiration: A review of methods and observations [J]. Biogeochemistry, 2000, 48 (1): 115 - 146.

Hansjörg D. Plant invasion patches - reconstructing pattern and process by means of herb - chronology [J]. Biological Invasions, 2002, 4 (3): 211 - 222.

Hartnett, D C, Wilson, W T. Mycorrhizae influence plant community structure and Diversity in tallgrass prairie [J]. Ecology, 1999, 80 (4): 1187 – 1195.

Heneghan L, Miller S P, Baer S, et al. Integrating soil ecological knowledge into restoration management [J]. Restoration Ecology, 2008, 16 (4): 608 – 617.

Hidy D, Barcza Z, Haszpra L, et al. Development of the biome – BGC model for simulation of managed herbaceous ecosystems [J]. Ecological Modelling, 2015, 226 (1729): 99 – 119.

Hogberg P, Nordgren A, Buchmann N, et al. Large – scale forest girdling shows that current photosynthesis drives soil respiration [J]. Nature, 2001, 411 (6839): 789 – 792.

Holm G O, DeLaune R D, Sasser C E. Respiration of Louisiana freshwater floating marsh soils amended with ammonium, phosphate, and sulfate [J]. Communications in Soil Science and Plant Analysis, 2014, 45 (15/18): 2141 – 2150.

Hou X Y, Wang Z, Michael S P, et al. The response of grassland productivity, soil carbon content and soil respiration rates to different grazing regimes in a desert steppe in northern China [J]. The Rangeland Journal, 2014, 36 (6): 573 – 582.

Houghton R A. The annual net flux of carbon to the atmosphere from changes in land use 1850 – 1990 [J]. Tellus, 1999, 51 (2): 298 – 313.

Högberg P, Nordgren A, Ågren G I. Carbon allocation between tree root growth and root respitation in boreal pine forest [J]. Oecologia, 2002, 132 (4): 579 – 581.

Hu M J, Song J, Li S, et al. Understanding the effects of fire and nitrogen addition on soil respiration of a field study by combining observations with a meta – analysis [J]. Agricultural and Forest Meteorology. 2020, 292 – 293. DOI: 10. 1016lj. agrformet. 2020. 108106.

Huxman T E, Snyder K A, Tissue D, et al. Precipitation pulses and carbon fluxes in semiarid and arid ecosystems [J]. Oecologia, 2004, 141 (2): 254 – 268.

Jakub H, Ladislav D, Jana K. Monitoring microbial biomass and respiration in different soils from the Czech Republic: a summary of results [J]. Environment International, 2004, 30 (1): 19 – 30.

Janssens I, Pilegaard K. Large seasonal change in Q_{10} of soil respiration in a beech forest [J]. Global Change Biology, 2003, 9 (6): 911 – 918.

Jia B R, Zhou G, Wang Y, et al. Effects of temperature and soil water – content on soil respiration of grazed and ungrazed Leymus chinensis steppes, Inner Mongolia [J]. Journal of Arid Environments, 2006, 67 (1): 60-76.

J í lková V, Jandová K, Cajthaml T, et al. Organic matter decomposition and carbon content in soil fractions as affected by a gradient of labile carbon input to a temperate forest soil [J]. Biology and Fertility of Soils: Cooperating Journal of International Society of Soil Science, 2020, 56 (3): 411-421.

Karhu K, Auffret M D, Dungait J A J, et al. Temperature sensitivity of soil respiration rates enhanced by microbial community response [J]. Nature, 2014, 513 (7516): 81.

Kaul M, Mohren G M J, Dadhwal V K. Carbon storage and sequestration potential of selected tree species in India [J]. Mitigation & Adaptation Strategies for Global Change, 2010, 15 (5): 489-510.

Keeling C D. Climate change and carbon dioxide: An introduce [J]. National Academy of Science, 1997, 94: 8273-8274.

Kovel C G F D, Mierlo A E M V, Wilms Y J O, et al. Carbon and nitrogen in soil and vegetation at sites differing insuccessional age [J]. Plant Ecology, 2000, 149 (1): 43-50.

Kuzyakov Y, Blagodatskaya E. Microbial hotspots and hot moments in soil: Concept & review [J]. Soil Bio Biochem, 2015, 83: 184-199.

Kvalseth T O. Note on biological diversity, evenness, and homogenetity measure [J]. Oikos, 1991, 62: 123-127.

Lee M S, Nakane K, Nakatsubo T. Seasonal change in the contribution of root respiration to total soil respiration in a cool-temperate deciduous forest [J]. Plant and Soil, 2003, 225 (1): 311-318.

Li S Q, Yang B S, Wu D M. Community succession analysis of naturally colonized plants on coal gob piles in Shanxi mining areas, China [J]. Water, Air, and Soil Pollution, 2008, 193 (4): 211-228.

Ma W W, Wang B, Wang Y S, et al. Soil properties of meadow wetlands for different altitudes in Gahai of Gannan [J]. Acta Agrestia Sinica, 2012, 20 (12): 44-50.

Ma S Y, Chen J Q, John R. Biophysical controls on soil respiration in the dominant patch types of an old-growth, mixed-conifer forest [J]. Forest Science, 2005, 51 (3): 221-232.

Magurran A E. Ecological Diversity and its Measurement [M]. New Jersey: Princeton University Press, 1998.

Marshll A R, Willcock S, Platts P J, et al. Meas uring and modelling above - ground carbon and tree allometry along a tropical elevation gradient [J]. Biological Conservation, 2012, 154: 20 - 33.

Mascaro J, Asner G P, Muller - Landau H C, et al. Controls over aboveground forest carbon density on Barro Colorado Island, Panama [J]. Biogeosciences, 2011, 8 (6): 1615 - 1629.

Nael M, Khademi H, Hajabbasi M A. Response of soil quality indicators and their spatial variability to land degradation in central Iran [J]. Applied Soil Ecology, 2004, 27 (3): 221 - 232.

Oreskes N. The scientific consensus on climate change [J]. Science, 2004, 306 (5702): 1686.

Park J M, Yim J S, Lee J S. Evaluation of a land use change matrix in the IPCC' s land use, land use change, and forestry area sector using national spatial information [J]. Journal of Forest and Environmental Science, 2017, 33 (4): 295 - 304.

Paul S. Can intensive management increase carbon storage in forests [J]. Environmental Management, 1991, 15 (4): 475 - 481.

Pinno B D, Hawkes V C. Temporal trends of ecosystem development on different site types in reclaimed boreal forests [J]. Forests, 2015, 6 (6): 2109 - 2124.

Prasetyo R B, Sarno H M. Vegetation analysis on Reclamation area of coal mine of PT. Bukit asam Tanjung enim, south Sumatera [J]. Biovalentia: Biological Research Journal, 2017, 3. DOI: 10. 24233/BIOV. 3. 1. 2017. 61.

Raich J W, Tufekciogul A. Vegetation and soil respiration: correlations and controls [J]. Biogeochemistry, 2000, 48 (1): 71 - 90.

Rapport D J. What constitute ecosystem health [J]. PersPect Biol med, 1989 (33): 120 - 132.

Rayment G E, Higgingson F R. Australian laboratory handbook of soil and water chemical methods [M]. Melbourne: Inkata Press, 1992.

Rooney R C, Bayley S E, Raab D. Plant community, environment, and land - use data from oil sands reclamation and reference wetlands, Alberta, 2007 - 2009: Ecological Archives E092 - 170 [J]. Ecology, 2011, 92 (10): 2003.

Rustad L E, Huntington T G, Boone R D. Controls on soil respiration: implications for climate change [J]. Biogeochemistry, 2000, 48 (1): 1-6.

Ryan M G, Law B E. Interpreting measuring and modeling soil respiration [J]. Biogeochemistry, 2005, 73 (1): 3-27.

Ryu S R, Concilio A, Chen J Q, et al. Prescribed burning and mechanical thinning effects on belowground conditions and soil respiration in a mixed conifer forest, California [J]. Forest Ecology and Management, 2009, 257 (4): 1324-1332.

Sivrikaya F, Baskent E Z, Bozali N. Spatial dynamics of carbon storage: a case study from Turkey [J]. Environmental Monitoring &. Assessment, 2013, 185 (11): 9403.

Society of American foresters. Task force report on sustaining long-term forest health and productivity [M]. Bethesda, Md: Society of American Foresters, 1993.

Striegl R G, Wickland K P. Effects of a clear-cut harvest on soil respitation in a jack pine-lichen woodland [J]. Canadian Journal of Forest Research, 1998, 28 (4): 534-539.

Sánchez M L, Ozores M I, Colle R, et al. Soil CO_2 fluxes in cereal land use of the Spanish Plateau: influence of convention and reduced tillage practices [J]. Chemosphere, 2002, 47 (8): 837-844.

Walkley A, Black I A. An examination of the Degtjareff method for determining soil organic matter and a proposed modification of the chromic acid titration method [J]. Soil Science, 1934, 38: 29-38.

Wang H, Zhang J, Wu K, et al. Measuring the rhizodeposition of carbon by rice: an approach based on carbon flux observations [J]. Soil Science and Plant Nutrition, 2017, 63 (5): 499-506.

Wang J Z, Zhang Q, Gou T J, et al. Spatial-temporal changes of urban areas and terrestrial carbon storage in the Three Gorges Reservoir in China [J]. Ecological Indicators, 2018, 95 (1): 343-352.

Wang L, Lu D Q, Qin Z B, et al. Review and analysis of soil physical and chemical characteristics on woodland slope in Yuelu Mountain [J]. Journal of Natural Science of Hunan Normal University, 2011, 34 (2): 84-88.

Wang Q, Teng Z, Wang J J, et al. Elevation distribution of fine root biomass and soil organic carbon storage of mature Chinese fir (*Cunninghamia lanceolata*) plantations in east China [J]. Polish Journal of Ecology, 2020, 68 (1): 84-93.

Schlesinger W H, Andrews J A. Soil respiration and the global carbon cycle [J]. Biogeochemistry, 2000, 48 (1): 7 – 20.

Wu F T, Peng C H, Liu W G, et al. Effects of nitrogen additions on soil respiration in an Asian tropical montane rainforest [J]. Forests, 2021, 12 (6): 802.

Xiao H B, Shi Z H, Li Z W, et al. Responses of soil respiration and its temperature sensitivity to nitrogen addition: A meta – analysis in China [J]. Applied Soil Ecology, 2020, 150 (C), 103484 – 103493.

Xu L K, Baldocchi D D, Tang J W. How soil moisture, rain pulses, and growth alter the response of ecosystem respiration to temperature [J]. Global Biogeochemical Cycles, 2004, 18 (4): GB4002.

Yang Y, Li T, Pokharel P, et al. Global effects on soil respiration and its temperature sensitivity depend on nitrogen addition rate [J]. Soil Biology and Biochemistry, 2022, 174.

Yuan Z Y, Chen H Y. Global trends in senesced – leaf nitrogen and phosphorus [J]. Global Ecology and Biogeography, 2009, 18 (5): 532 – 542.

Yue K, Peng Y, Peng C, et al. Stimulation of terrestrial ecosystem carbon storage by nitrogen addition: a meta – analysis [J]. Scientific Reports – UK, 2016, 6 (19895): 1 – 10.

Zald H S J, Spies T A, Seidl R, et al. Complex mountain terrain and disturbance history drive variation in forest aboveground live carbon density in the western Oregon Cascades, USA [J]. Forest Ecology and Management, 2016, 366: 193 – 207.

Zeng Z Q, Wang S L, Zhang C M, et al. Carbon storage in evergreen broad – leaf forests in mid – subtropical region of China at four succession stages [J]. Journal of Forestry Research, 2013, 24 (4): 677 – 682.

Zhang J, Ge Y, Chang J, et al. Carbon storage by ecological service forests in Zhejiang Province, subtropical China [J]. Forest Ecology and Management, 2007, 245 (1): 64 – 75.

Zhou L, Zhou X, Shao J, et al. Interactive effects of global change factors on soil respiration and its components: a meta – analysis [J]. Global Change Biology, 2016, 22 (9): 3157 – 3169.

Zhu W B, Zhang J J, Cui Y P, et al. Ecosystem carbon storage under different scenarios of land use change in Qihe catchment, China [J]. Journal of Geographical Sciences, 2020, 30 (9): 1507 – 1522.

文后彩图部分

I　地理位置

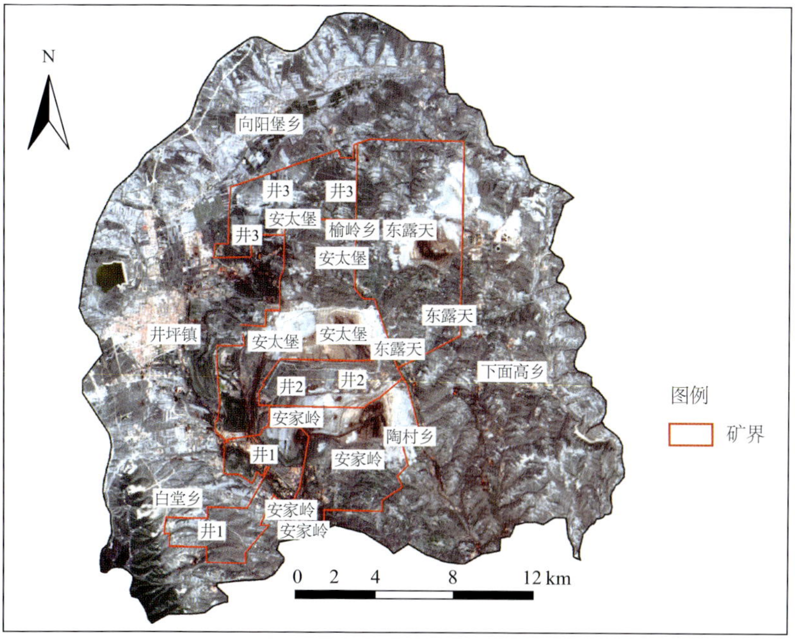

图 2-1　平朔安太堡露天煤矿矿界示意图

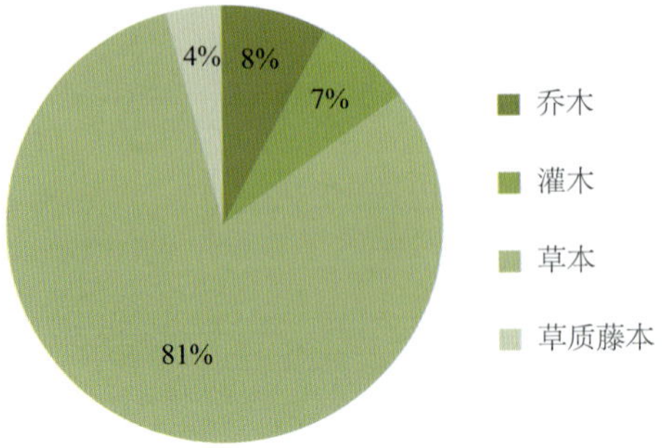

图 3－1 复垦区植物生活型组成

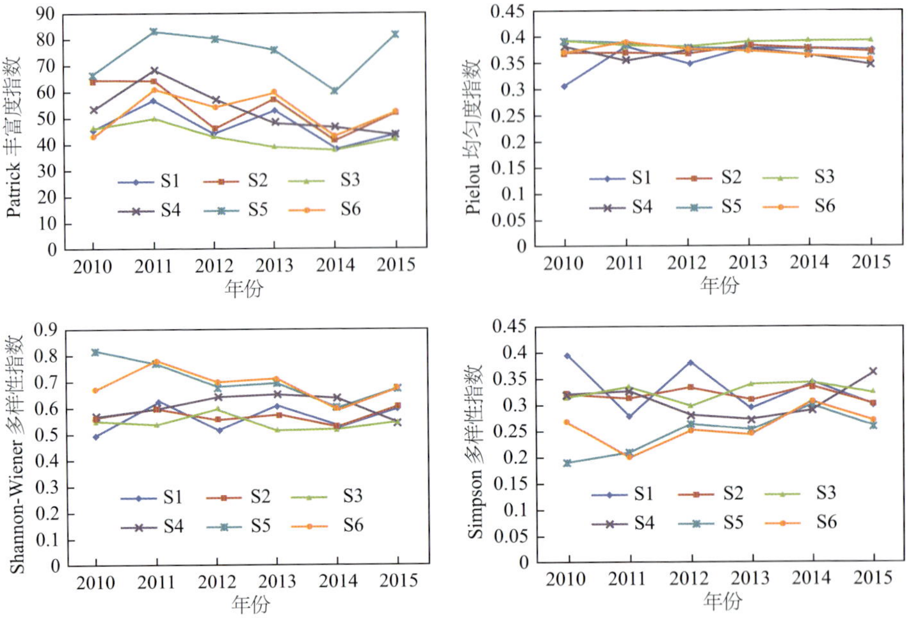

图 4－14 各样地草本植物物种多样性指数年际变化

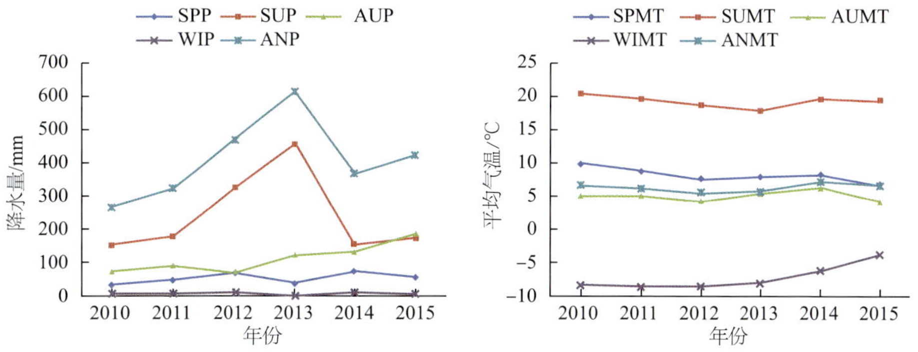

图 4－17　降水量与平均气温年际变化

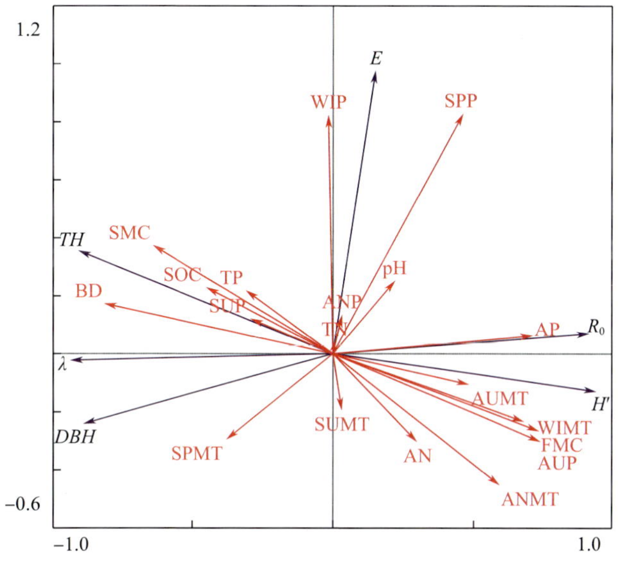

图 4－18　人工林群落指标与环境因子 RDA 分析

Ⅲ　安太堡露天煤矿周边地形地貌

Ⅳ 安太堡露天煤矿土地复垦与生态修复过程

Ⅴ 安太堡露天煤矿复垦区主要人工林模式

Ⅵ　安太堡露天煤矿长期定点观测样地建设

Ⅶ　安太堡露天煤矿复垦区野外调查、监测